气候变化影响下水库调度规则的失效预警及适应性调整

张玮　刘攀　著

中国三峡出版传媒

中国三峡出版社

图书在版编目（CIP）数据

气候变化影响下水库调度规则的失效预警及适应性调整/
张玮，刘攀著. 一北京 ：中国三峡出版社,2022.10
ISBN 978-7-5206-0245-7

Ⅰ ①气… Ⅱ. ①张… ②刘… Ⅲ. ①水库调度－研究
Ⅳ.①TV697.1

中国版本图书馆 CIP 数据核字（2022）第 016902 号

责任编辑：丁 雪

中国三峡出版社出版发行
（北京市通州区新华北街 156 号 101100）
电话：（010）57082645 57082577
http://media. ctg. com. cn

北京世纪恒宇印刷有限公司印刷 新华书店经销
2022 年 10 月第 1 版 2022 年 10 月第 1 次印刷
开本：787毫米×1092毫米 1/16 印张：8
字数：195千字
ISBN 978-7-5206-0245-7 定价：78.00 元

前　言

以全球变暖为主要特征的气候变化对自然系统和人类社会造成的影响日益显著。气候变化改变了传统水文循环过程，引起了水资源时空分配格局的重新调整，加剧了水资源供需矛盾，使得水资源管理者面临着严峻的挑战。水库作为实现水资源时空调蓄的重要工程措施，是应对气候变化不利影响的有力工具。然而，在气候变化影响下，基于水文序列一致性假定的传统水库调度规则往往表现不佳，因此，气候变化影响下水库适应性调度已成为当前亟须解决的一项科技问题。本书提出了一套较为完整的气候变化影响下水库适应性调度研究方法，系统地解决了"何时进行水库适应性调度"与"如何开展水库适应性调度"两大难题，以保障水资源在气候变化环境下能够安全高效利用。本书主要工作及研究成果如下：

第1章，主要综述了水库调度规则、气候变化对水资源的影响、气候变化影响下的水库适应性管理三个方面的研究进展，并引出本书所关注的关键科学问题、研究目标、研究思路，以及主要研究内容等。

第2章，主要针对水库适应性调度规则的启用时间问题，提出了气候变化影响下水库调度规则的失效预警分析方法。以"水库历史调度规则在未来气候变化环境下的经济效益表现不再能满足管理者要求"为出发点，构建失效预警分析模型，该模型包括"考虑径流影响下的水库调度年效益的概率分布函数估计""基于可接受风险水平的预警阈值确定""借助概率变点分析技术的历史调度规则失效预警时间识别"三个部分。以溪洛渡—向家坝—三峡梯级水库为研究对象，利用1956—2011年的历史实测资料，提取梯级水库的历史调度规则，根据所提出的分析框架，识别该历史调度规则在四种未来气候变化情景下的失效预警时间。研究结果表明：在气候变化影响下，历史时期延续10年及以上会发生新旧水库调度规则的变更。

第3章，主要针对耦合多种 GCM 来编制水库适应性调度规则的问题，分析了多种 GCM 在适应性调度中的使用方式。选用两种权重分配——等权重方法和基于可靠性综合平均系数的不等权重方法，针对水库调度模型和水文模型两个情景耦合位置，利用参数化-模拟-优化方法提取出四种水库适应性调度规则。通过对锦屏一级水库进行应用研究，结果表明：使用多种 GCM 来制定水库适应性调度规则时，等权重分配方式更适用于耦合处理多情景的水文气象条件，而基于可靠性综合平均系数的不等权重分配方式更适用于耦合计算多情景的水库优化调度目标函数。

第4章，主要针对水库由历史环境向未来气候变化环境平稳过渡的问题，提出了兼顾历史—未来的水库调度规则。考虑到历史实测信息的可靠性和未来预测信息的不可忽视性，以历史和未来两种环境下的多情景平均效益与多情景平均稳健性指标为目标函数，构建了水库优化调度模型，利用参数化-模拟-优化方法提取了兼顾历史—未来的水库调度规则。通过对东武仕水库的应用研究，结果表明：兼顾历史—未来的水库调度规则不仅能够权衡历史和未来的效益，还能够在历史和未来两种环境下均取得较高的效益稳健性，同时，也提升了灌溉农田应对不利气候变化的能力。

第5章，主要针对未来气候变化环境下的多目标水库适应性调度问题，建立了考虑水库调度方案长远应用能力的多目标决策模型。该模型包括"以历史效益为优的多目标优化调度模型的建立""基于未来可用角度的评价指标矩阵的确定""基于可视化分析技术和结构方程模型对目标相互关系的定性分析与定量计算""依据空间坐标系思想的多目标决策方程的构建"四个部分。通过对三峡水库进行应用研究，结果表明：与基于模糊优选模型的两种方案相比，提出的多目标决策模型不仅考虑了调度方案的长远应用价值，还考虑了目标相互关系对决策结果的影响，因此，在历史和未来两种环境下，所提出的决策模型不仅能够保持相近的生态效益，还可以获得更高的发电与蓄水效益，并且，所提出的决策模型对未来气候变化的适应能力也更强。

本书由中国长江三峡集团有限公司张玮博士、武汉大学刘攀教授共同撰写。在课题研究以及书稿撰写过程中，得到了加州大学洛杉矶分校 William W-G. Yeh、中国长江三峡集团有限公司刘志武、中国水利水电科学研究院雷晓辉、天津大学王旭、加州大学洛杉矶分校李金书、中国长江三峡集团有限公司刘瑞阔和西安理工大学明波等专家的大力支持，在此一并表示感谢。特别感谢中国长江三峡集团有限公司科学技术研究院、国家自然科学基金项目（52109011）对本书的出版给予资助。

由于编者水平所限，对于书中疏漏和不足之处，欢迎读者批评指正。

作 者

2022 年 6 月

目　　录

第 1 章　概　论

1.1　研究背景及意义

　　近年来，受人为活动和自然因素的共同影响，以全球变暖为显著特征的气候变化正在深刻影响着人类的生存与社会的发展。为了能够科学地评估气候变化现象、全面地总结气候变化的相关研究、有效地应对气候变化所引起的问题，世界气象组织和联合国环境规划署在 1988 年联合组建了政府间气候变化专门委员会（Intergovernmental Panel on Climate Change，IPCC）。IPCC 先后于 1990 年、1995 年、2001 年、2007 年、2013 年发表了综合评估研究报告，并于 2018 年 10 月发布了《全球 1.5℃增暖特别报告》。IPCC 第五次评估综合报告[1]指出：近百年来，温室气体排放增速，全球气候持续变暖，1880—2012 年，全球地表平均温度大约升高了 0.85℃，1983—2012 年是过去 1400 年来最热的 30 年。IPCC 于 2018 年最新发布的特别报告[2]表明：2018 年，全球平均温度比 1981—2010 年平均值偏高 0.38℃，较工业化前水平高出约 1.0℃，全球变暖趋势进一步持续。气候变化通过影响大气环流、降水、蒸发、地表径流和地下水等一系列水文要素，改变了全球与区域尺度的水循环过程，从而引起了水资源时空分配格局变化、极端水文事件频发等一系列水资源问题，对自然生态系统和人类经济社会构成了极大威胁[3]。

　　就中国而言，气候变暖趋势与全球一致。1951 年以来，我国气温以平均 0.24℃/10a 的速度显著上升；21 世纪最初的 20 年是近百年以来的最暖时期[4]。我国的水资源分布在空间上呈现为"南多北少"的格局，而在时间上具有"河川径流年内分配不均且年际变化大"的特点[5,6]。在气候变化的背景下，我国南涝北旱的格局进一步加深，区域水循环时空变异问题更为突出，水资源脆弱性显著加剧，我国水资源开发利用的综合效益与防洪安全正面临着巨大危机与风险挑战。气候变化对全球和区域水资源的不利影响日趋显现，如何使水资源的管理与气候变化相适应，已成为当前学术研究和政策制定中十分关注的热点问题。

　　水库作为一种径流调节工程，能够对天然径流进行时间和空间上的重新分配，缓解水资源时空分配不均的矛盾，使水资源能够有序地满足人类社会发展的需求[7]。根据中华人民共和国水利部发布的第一次全国水利普查公报，截至 2013 年，我国已建库容在 10 万 m³ 以上的水库有 98 000 多座[8]。这些水库可以拦蓄洪水、调节径流，有利于降低洪涝灾害、缓解区域水资源短缺问题、提高水资源利用率，可以实现经济、社会、生态等多方位效益的均衡提升。水库调度作为水资源管理中不可或缺的非工程手段，通常是基于水文气象信息，根据水库运行状态，通过蓄放水决策来满足综合用水需求。随着计算机技术的不断发展、智能算法的不断改进，水库调度的技术水平已日益提升，从单个水库调度到大尺度水库群联合运行,从单一目标分析到多目标协同优化,从单一时间尺度的规划调度到多维调度期的嵌套运行,从基于单一数据的简易优化模型到由多源数据驱动的智能计算,水库调度技术不断成熟与发展,在流域水资源管理中发挥着至关重要的作用,更为应对气候变化所进行的新变革提供有力的技术支撑。

气候变化改变了传统水文循环过程,打破了原有的水文一致性基本假定,通过平稳水文气象序列所制定的传统水库调度方式正在面临巨大挑战[9]。因此,迫切需要采取一种适应性的调整,根据气候变化影响下的水文气象预测信息,借鉴成熟可靠的水库调度技术,使水库调度策略能够适应于非一致性水文气象环境,据此来有效地缓解气候变化对水资源管理在经济、社会、生态等多方面的不利影响,以保障自然生态系统和人类社会的用水安全。在全球气候变暖的新环境背景下,立足于可持续利用、绿色发展、风险防范的长远角度,开展水库适应性调度研究是一次非常有意义的科学探索。水库适应性调度研究,为气候变化影响下水资源适应性调控问题提供了理论依据和参考方法,具有重要的科学价值和现实意义。

1.2 水库调度规则研究进展

1.2.1 水库调度规则的研究综述

在水库实际运行中,水库调度的实施通常是以既定的水库调度规则为操作准则。水库调度规则是以设计任务和运行约束为前提,依据长系列径流资料进行水库调度操作,进而总结出水库优化运行规律。水库调度规则是实现水库科学合理运行的重要途径[10]。

水库调度规则的表现形式主要包括调度图和调度函数。水库调度图可以综合反映水库在多种水文条件下满足不同目标要求的调度运行规律,以可视化图表的形式呈现,是目前生产实际中指导水库运行的一种常见方式。水库调度图是以时间(月或旬)为横坐标,以水库水位为纵坐标,考虑水库主要功用,进而形成的一组控制曲线,在各控制曲线之间形成对应于不同出力等级、供水等级或流量等级的调度区。水库调度函数是综合考虑了水库特性、统计关系、决策者偏好的水库运行方式,根据水量平衡或者能量守恒原理,以数学表达式的形式呈现,是目前学术研究中描述水库运行的最流行的一种方式。水库调度函数根据水库调度过程的输出因子(如出库流量)、输入因子(如入库径流)、状态因子(如水库库容)来表征水库调度过程的统计关系,其统计分析过程涉及了因变量与自变量的筛选、线性或非线性关系的分析,以及水量或能量表达形式的讨论等多项内容。

水库调度规则的提取方法主要包括显随机优化方法和隐随机优化方法两大类。显随机优化方法,将服从于某一概率分布的入库径流作为水库确定性优化模型的输入,侧重于考虑径流不确定性的影响。此方法理论完善,但是实际应用较为复杂,容易陷入"维数灾"和局部最优等问题。隐随机优化方法,分为拟合方法和参数化-模拟-优化方法。拟合方法将长系列径流资料作为水库确定性优化调度模型的输入,获得水库调度运行的最优轨迹,再利用数据挖掘技术(如回归统计方法、人工神经网络方法)确定水库调度规则的表现形式，侧重于从确定性优化调度的输入、状态、输出三种变量中提炼出内在的统计关系。此方法能够反映出既定径流资料下水库调度三种变量之间的良好统计关系，但是所提取的调度规则在具有不确定性径流条件下的灵活性有限且拓展性不足。参数化-模拟-优化方法，预设水库调度规则的形式和参数，考虑不确定性的径流输入条件，借助优化算法直接优化调度规则参数。此方法操作简单，融合优化与模拟两个过程，可兼顾水库调度规则在多种径流条件下的表现，灵活性较佳，但是调度规则的预设与工程经验和决策者偏好密切相关。

总体来说，水库调度规则的形成可以概括为三大步骤：①准备水库调度模型的输入资料，例如，径流序列、调度目标、约束条件；②确定水库调度规则的表现形式，选择通过调度图还是调度函数来呈现，并分析其中的关键要素，例如，水库调度图的适用目标类型及相应调度区划分，或是水库调度函数的统计关系和物理特征描述；③利用合适的水库调度规则的提取方法进行优化计算，进而，形成能够指导水库合理运行、实现水资源优化配置的水库调度规则。水库调度规则形成的流程图如图1-1所示。

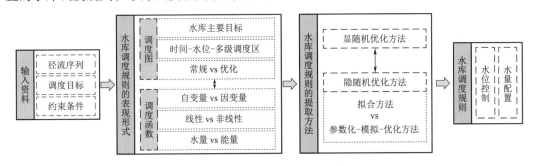

图1-1 水库调度规则形成的流程图

上述介绍总结了水库调度规则形成的框架、表现形式和提取方法。下面对水库调度规则的表现形式和提取方法的研究进展分别进行详细介绍，以便于充分认识和理解水库调度规则研究的发展历程与应用价值。

1.2.2 水库调度规则的表现形式

1.2.2.1 调度图

水库调度图是指导水库中长期调度运行的主要工具，可分为常规调度图和优化调度图。常规调度图一般是选取典型径流资料进行水库调节过程演算，根据相应的水库蓄水过程所确定的调度控制曲线。常规调度图具有简单实用、便于操作的优点，在水库中长期调度计划的编制与实施中被广泛采用；但是，常规调度图在设计时未考虑径流预报信息，且往往局限于单个水库的调度运行。优化调度图可以是利用智能算法对常规调度图的参数结构进行修正，也可以是对水库确定性优化调度过程的统计归纳结果图。

诸多专家学者在调度图的优化问题上进行了大量探索。关于单一水库调度图优化问题，Chang等[11]比较分析了二进制和实数两种编码方式的多目标遗传算法对Shih-Men水库调度图优化改进的效果。杨光等[12]利用Pareto存档动态维度搜索算法优化丹江口发电和供水多目标调度图，协调了供水和发电之间的矛盾。关于梯级水库群联合调度图的优化问题，刘攀等[13]根据聚合分解原理提取考虑梯级水库群联合调度的二维水库调度图。程春田等[14]采用模拟逐次逼近算法对乌江梯级水电站群调度图进行了优化。Jiang 等[15]提出了梯级水库群发电总出力调度图和最优出力分配的双层嵌套优化模型，利用逐次搜索算法和逐次优化算法，得到梯级水库群的最优总出力运行图。

1.2.2.2 调度函数

水库调度函数的确定需要考虑两个方面：一是关于调度函数的自变量和因变量的选择；二是调度函数的线性或非线性形式、水量或能量形式的选择。这两项内容的确定通常依赖于水库特性、决策者偏好等因素，目前尚未有统一的研究定论，因而，水库调度函数比水库调度图的应用更为灵活。线性函数是目前比较常用的水库调度函数形式，其参数较少且方法成熟（如回归统计技术），在指导水库优化运行中效果显著。其中的简单线性水量函数（水库出流与水库入流、当前时段库水位之间的线性关系），因其内在反映了水量平衡原理，在不同的水库调度实践中是普遍可行的[16]。随着构建水库调度函数的自变量因子变得多源化与复杂化，以及受到水库群联合调度的需求影响，水库优化决策因子和决策结果之间会呈现出非线性关系，并随着数据挖掘技术的不断丰富，非线性调度函数也逐渐地应用在水库系统调度运行中[17]。

国内外学者就水库调度函数的优化问题已经开展了较为广泛的研究与讨论。Revelle 等[18]在 1969 年基于线性回归分析技术首次提出了水库线性水量调度函数。Karamouz 和 Houck[19]利用确定性优化模型建立了水库线性调度规则，通过迭代计算强化了一般调度规则与最优确定性调度规则之间的相关性。Consoli 等[20]采用基于多目标优化约束法和交互式多目标偏好逐步法的分析框架，提取了灌溉水库线性调度规则。Liu 等[21]针对三峡水库发电运行提出了线性调度函数，并对调度规则参数的不确定性进行了深入分析。Oliveira 和 Loucks[22]利用遗传算法提出了梯级水库群线性调度规则优化方法。Malekmohammadi 等[23]利用贝叶斯网络提取了以防洪和灌溉为目标的梯级水库系统调度规则。Ji 等[24]借助支持向量机技术推导了梯级水库群的非线性优化调度规则。Zhou 等[25]通过多元线性回归技术和人工神经网络方法，从水量和能量两个角度提取了梯级水库系统线性与非线性调度规则，并总结出梯级水库系统调度函数研究中需考虑调度期特点、决策因子类型的影响。Yang 等[26]通过耦合高斯径向基函数 RBF 和敏感性分析技术，利用 Pareto 存档动态维度搜索算法，提取了兼顾发电和供水的梯级水库群非线性调度规则。

1.2.3 水库调度规则的提取方法

1.2.3.1 显随机优化方法

显随机优化方法的核心思想是把径流看作随机过程，将径流所服从的概率分布作为模型输入进行水库优化调度计算。水库调度中常见的显随机优化方法包括随机线性规划方法和随机动态规划方法。随机线性规划方法根据随机参数位置的不同，可分为概率规划和机遇约束规划两种，前者的随机参数位于目标函数，而后者的随机参数位于约束条件[27]。

随机线性规划方法不仅要求目标函数和约束条件均为线性，还需要考虑多种可能方案的组合。随着目标函数的多样化和水库系统的群体化，水库优化调度已经变成一个高维、非线性的多阶段决策问题。因此，由于随机线性规划方法面临着线性要求的不易满足和多方案引起的变量"维数灾"问题，在水库调度的实际应用研究较少[28, 29]。目前，水库调度领域主要使用的显随机优化方法是随机动态规划，特别是具有马尔科夫链关系的随机动态规划，其优点是不强制要求目标函数或约束条件为线性、考虑了相邻阶段随机变量的相关性、可以直接给出水库调度的运行策略，其不足在于分析过程复杂、难以广泛地应用于水库调度实践中。

采用随机动态规划方法进行水库显随机优化调度的系列研究，主要关注以下三个方面：①如何利用径流预报信息来描述水库随机优化调度中的径流不确定性的问题；②如何利用优化降维技术来化解在多水库联合随机优化调度中的"维数灾"问题；③如何利用多目标处理技术来实现水库多目标调度的随机优化问题。针对径流预报不确定性描述问题的代表性研究有：Karamouz 和 Vasiliadis[30]利用贝叶斯理论将预报径流的先验概率转化为后验概率，建立了考虑径流自身随机性和径流预报不确定性的贝叶斯随机动态规划模型，据此推求水库最优调度规则；Xu 等[31]将短中期的降水预报信息考虑到水库群随机优化调度模型中，利用贝叶斯随机动态规划模型进行求解；Lei 等[32]利用 Copula 函数构建了随机动态规划方法中相邻时段径流的联合概率分布函数，改进了传统的状态转移矩阵。关于多水库联合随机优化调度的研究案例有：纪昌明和冯尚友[33]提出了具有可逆性的随机动态规划模型，通过将余留效益转移到入流分布函数曲线的分级方法，消除了计算误差，提高了梯级水库群随机优化调度的计算效果；Mujumdar 和 Nirmala[34]基于聚合分解思想，以水库群的总来水量作为聚合变量，利用随机动态规划模型获得了以水库群总来水量和各水库蓄水状态为变量的调度图；Tan 等[35]将逐次迭代逼近的思想引入到两阶段的随机动态规划模型，提出了余留期近似效益函数，避免了水库群中长期随机优化调度"维数灾"问题。多目标水库随机优化调度问题相关的代表性讨论有：廖伯书和张勇传[36]利用加权法将多目标转化为单目标，从而采用随机动态规划方法求解水库多目标优化调度问题；陈守煜和邱林[37]借助模糊优选理论来改进随机动态规划方法，从随机分析的角度解决了水资源系统调度中多目标的优化与决策问题。

1.2.3.2　隐随机优化方法

隐随机优化方法是通过确定性径流过程的优化计算结果来体现径流的随机性特点。相比于显随机优化方法，隐随机优化方法在水库调度的生产实践和学术研究中更容易得到广泛的应用。1967 年，Young[38]针对单一水库调度问题，首次提出了隐随机优化方法；1981 年，Unny 等[39]利用隐随机优化方法求解了大规模水电站群实时优化调度问题。至今，通过隐随机优化方法来提取水库调度规则的探索研究，主要分为两大类：拟合方法与参数化-模拟-优化方法。

（1）拟合方法

拟合方法认为径流的随机性过程由长系列径流资料体现，获取长系列的水库优化调度或者实际调度决策过程，进而利用数据挖掘技术（如回归方法）统计分析其中的优化决策规律，最终提取出水库调度规则。拟合方法本质上是针对水库历史或者最优蓄泄决策的事后性回顾分析[40]。利用拟合方法来提取水库调度规则通常会面临两方面的考验：一则是拟合效果容易受到数据挖掘技术的学习能力、统计分析变量的数目与形式等多方面的影响；另一则是在处理水文条件、优化模型结构、调度函数形式等多重不确定性因素时，调度规则的泛化推广能力存在较大的局限性。随着人们对水库系统非线性认识的加深以及近年来的数据挖掘技术日趋成熟，拟合方法的相关研究可以划分为：①基于传统回归分析技术的水库调度规则编制方法；②借助现代人工智能算法的水库调度规则编制方法。

基于传统回归分析技术的水库调度规则编制方法，其代表性研究包括：张勇传等[41]根据确定性来水资料，通过线性回归分析方法推求出水库群发电调度函数；Celeste 和 Billib[42]基于曲面拟合分析方法拟合水库确定性优化轨迹，构建了水库出流和水库水位、水库入流之间的非线性调度规则；刘攀等[43]利用线性回归技术提取了三峡水库的线性发电调度规则，并探讨了利用拟合方法来制定调度规则的资料长度问题。

现代人工智能算法依据自组织学习能力和自身强大的映射能力，能够直接挖掘出输入数据和输出数据的相关关系。目前，借助现代人工智能算法的水库调度规则编制方法的主要研究包括：Rieker 和 Labadie[44]使用强化学习算法提取了加利福尼亚和内华达州特鲁奇河的长期水库运行策略；Yang 等[45]基于混合交叉验证思想，考虑供水需求、环境约束、水文丰枯条件等多种影响要素，利用分类回归树方法提取了稳健的水库调度规则；Zhang 等[46]利用长短期记忆模型提取了葛洲坝水库的长期调度规则，并总结了长短期记忆模型在计算效率、调度规则模拟能力上的优势。

（2）参数化-模拟-优化方法

不同于根据最优调度轨迹确定水库调度规则的拟合方法，参数化-模拟-优化方法针对具有确定形式和初始参数的水库调度规则，利用优化算法对调度规则参数进行直接优化迭代计算，得到能够提供最佳调度性能的调度规则参数结果。参数化-模拟-优化方法具有如下优势[47]：①参数变量域不需要离散化，与显随机优化方法和基于动态规划类的拟合方法相比，可以有效避免维数灾，降低模型的复杂性；②能够与任何模拟模型相结合，且不增加对模型信息的任何约束，允许使用更多外部信息来优化决策结果，在研究径流不确定性条件下的水库调度规则问题中具有较高的应用可移植性；③在设计多目标优化问题时，能够直接与多目标优化算法（如多目标进化算法）相结合，得到反映不同调度规则参数集的 Pareto 前沿近似解。

近几十年，参数化-模拟-优化方法备受国内外学者的青睐与关注，在水库调度规则提取方面有着大量的实践案例。Guariso 等[48]在解决多目标水库优化调度问题中，初步提出了参数化-模拟-优化方法的思路框架。Koutsoyiannis 和 Economou[49]正式为参数化-模拟-优化方法命名，结合粒子群优化算法，分析了该方法在不同目标函数和水文情景下提取梯级水库调度规则的优点。尹正杰等[50]利用参数化-模拟-优化方法，借助遗传算法对中国北方的多目标供水水库调度规则进行优化，得到了协调多目标供水问题的规则参数集。刘攀等[51]针对清江流域梯级水电站群，根据内嵌非线性单纯形算法的参数化-模拟-优化方法，提取了该梯级电站群的发电调度规则。Dariane 和 Momtahen[52]将改进遗传算法内嵌在参数化-模拟-优化方法中，提取了由 16 个水库群构成的 Greater Karoon 系统的调度规则。

Ostadrahimi 等[53]基于参数化－模拟－优化方法的计算框架，将多群粒子群算法与HEC-ResPRM 模拟模型相耦合，提取了适用于梯级水库实时调度的调度规则。Giuliani[47]基于参数化-模拟-优化方法的思路框架，利用多目标直接策略搜索算法，优化水库调度非线性规则参数，从而得到了能够平衡发电效益与洪水风险的最佳方案。Zhang 等[54]利用聚合分解技术简化大尺度水库群线性调度规则，将定向多目标快速非支配排序遗传算法作为参数化-模拟-优化方法的核心优化算法，提取了能够平衡全流域发电效益与生态保护的 Pareto 解集。

1.3　气候变化对水资源影响的研究进展

1.3.1　气候变化对水资源影响的研究概述

气候变化使得全球水文循环过程发生了改变，引起了水资源时空分布格局的重新调整，使水资源管理面临着严峻的考验。为了保障水资源管理能够适应气候变化环境，首先需要理解气候变化对水文水资源的影响。自 20 世纪 80 年代开始，国际社会和我国科技部门一直高度关注着有关气候变化对水资源影响的系列研究工作[55-58]，主要包括以下三个方面：

（1）水文循环要素的非一致性诊断

该研究主要是根据实测的历史资料来分析水文气象的趋势性、周期性、突变性特征，发现水文循环要素演变规律。国内外学者对水文循环要素的非一致性诊断问题在方法讨论[59-64]和区域应用[65-71]两个方面开展了大量研究，但是，当前主要研究侧重点是针对历史实测水文气象资料数据的分析与总结，尚未探究水文循环要素演变与气候变化之间的内在关联性，这导致了我们目前难以拓展分析出未来气候变化环境的水文循环规律将如何演变。因此，水文循环要素的非一致性诊断研究，尽管能够有效地帮助人们深入认识与理解已经发生的水文时空演化规律，但却不能指导人们直接开展水资源适应性管理，以有效应对未来长期的气候变化挑战。

（2）气候变化影响下的未来径流预测

该研究不仅是评估气候变化对水资源影响的核心内容，也是进行水资源适应性管理的重要基础。该研究主要遵从 what-if-then 思想[72]，即首先假定气候变化情景，然后模拟水文响应，据此评价未来径流变化特点或者实施水资源适应性管理。目前，生成气候变化情景常用的方法包括：任意情景设置方法、时间序列分析方法和基于全球气候模式（Global Climate Model，GCM）输出方法。由于降水和气温等气象因子是水文响应的驱动要素，未来径流预测方法与上述气候变化情景的生成方法是一致的。其中，任意情景设置方法和时间序列分析方法，一方面可以利用表征陆气耦合关系的水文模型实现未来径流的预测，另一方面也可以直接利用历史径流资料进行情景设置[73]或序列延长[74]来获取未来径流预测值。不同于任意情景设置方法和时间序列分析方法，基于 GCM 的输出方法具有良好的物理机理，能够提供更具参考价值的气象信息。目前，基于 GCM 和水文模型构成的陆气耦合关系是气候变化影响下径流预测的主流方式。后面第 1.3.2 节将详细介绍上述关于气候变化影响下未来径流预测技术的研究进展。为了充分研究水资源适应性管理问题，气候变化影响下的未来径流预测是必不可少的一项内容。

（3）气候变化影响下的极端水文事件评估

该研究是在未来水资源预测的基础之上，着重讨论极端水文事件（如：极端降水、极端干旱、极端洪涝）发生的频率与强度在气候变化影响下的演变规律。目前，相关研究成果存在三点不足：一是侧重于理论层面和全球尺度的分析[75-78]，对于区域范围的特定研究较少；二是针对极端水文事件形成机理的解析相对薄弱，气候模型对极端水文事件的模拟能力有待验证；三是处理极端水文事件的突发情况往往属于应急管理的范畴，主要是依赖于人工经验和行政手段相结合的方式来解决，应急处理的科学依据尚不明确。鉴于在极端水文事件的描述能力与应对措施等方面存有的局限性，当前，采取非工程管理方式来有效应对和预防未来极端水文事件的研究尚不成熟，但将是今后水资源适应性管理研究中的一个潜在发展方向。

1.3.2 气候变化影响下的未来径流预测

对于水资源管理研究，尤其是水库调度问题，径流的影响是最直接、最重要的。在水库适应性调度研究中，理解与掌握气候变化影响下的径流预测技术是必不可少的。总结当前研究成果发现，根据生成气候变化情景方式的不同，气候变化影响下的未来径流预测技术可以归纳为以下三大类：①基于任意情景设置的径流预测方法；②基于时间序列分析的径流预测方法；③基于GCM-水文模型耦合关系的径流预测方法。其中，前两种方法根据调整对象是径流还是降水与气温，可分为基于径流重构的直接预测方式与基于陆气耦合关系的间接径流预测方式。关于气候变化影响下未来径流预测方法如图1-2所示。

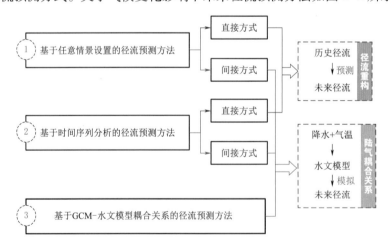

图1-2　气候变化影响下的未来径流预测方法

1.3.2.1 基于任意情景设置的径流预测方法

任意情景设置是根据未来气候可能变化范围，人为给定水文气象要素（如降水、气温、径流）的相对变化幅度。在历史径流特征分析结果的基础上，人为假定径流变幅进行预测的方法，被称为基于任意情景设置的径流预测的直接方式；设定降水和气温的变化幅度，利用表征陆气耦合关系的水文模型来预测径流，被称为基于任意情景设置的径流预测的间接方式。这两种方式本质上相同，均是通过人为假定的方式实现气候变化影响下的径流预测。基于任意情景设置的径流预测方法，优势在于覆盖的气候变化范围广、情景类型全面，而不足在于缺乏大气物理循环作用关系的理论支撑。基于任意情景设置的径流预测方法，在水资源适应性管理研究中的应用较为常见。

基于任意情景设置的径流预测的直接方式，实际上着重考虑了气候变化影响下的径流分布特征参数（均值、变异系数 C_v 或季节性规律）的改变。这种直接方式简单易懂、利于应用，可以避免使用水文模型所带来的不确定性影响，但是径流变化的合理范围尚不清楚。相关的研究案例包括：Nazemi 等[79]将传统重抽样方法和简单 delta 法相结合，通过在局部尺度上生成扰动序列集合，生成一系列反映气候变化的潜在径流响应。他们将该方法应用于加拿大阿尔伯塔省南部的水资源系统，评估了年径流量变化和年径流季节性改变两种不同影响下的河流脆弱性。Feng[73]在 Nazemi[79]研究的基础上，认为气候变化影响下的径流变化是在分布特征参数的改变而非分布类型的迁移，提出了未来气候变化下径流预测的简单调整法和随机重构法，并以此分析三峡水库调度规则参数对气候变化的敏感性。Jeuland 和 Whittington[80]通过 delta 法直接调整年径流量，构成多种气候变化情景，据此讨论了如何将实物期权与稳健性决策相结合来实施变化环境下的水资源规划与管理。

基于任意情景设置的径流预测的间接方式，更侧重描述降水和气温变化共同作用下的径流改变。这种间接方式不但考虑了径流形成的物理机理，而且气象要素变化范围的合理性通常有调查研究作为支撑。但是这种间接方式所获取的径流预测结果更容易受到来自降尺度技术和水文模型的不确定性影响。在水资源适应性管理领域，基于任意情景设置的径流预测的间接方式，是目前开展 decision scaling 系列研究的重要径流预测方法。例如：Singh 等[81]根据美国宾夕法尼亚州的 Lower Juniata 流域气温增加 3~6℃、降水变化−17%~19%的组合情景，使用分类和回归树技术，分析了河流水文生态脆弱性情况。Poff 等[82]针对美国爱荷华河流域，给定降水和气温变化组合情景，利用 VIC 模型来预测径流，以此来定量分析工程效益和生态绩效指标在未来不确定的水文气象条件下的满意程度和风险挑战。Steinschneider 等[83]以爱荷华河上的 Coralville 水库作为研究对象，基于降水的均值和变异系数变化−30%~+30%、气温增加 0~2℃所构成的 105 个气候变化情景，通过概念性水文模型和基于物理的分布式模型的模拟计算，分析了水文模型结构和气候变化对未来洪水风险的不确定性影响。

1.3.2.2 基于时间序列分析的径流预测方法

基于时间序列分析的径流预测方法，主要利用历史实测信息和统计分析技术实现径流预测。其中，统计分析技术可以是传统方法（如滑动平均法、多元回归分析等），也可以是人工智能方法（如人工神经网络、小波分析等）。基于时间序列分析的径流预测方法的直接方式，是根据历史径流资料本身所体现的多时段相关性，进行外推获取径流预测值。而基于时间序列分析的径流预测方法的间接方式是以陆气耦合关系为基本思想，基于历史资料分析出的径流与降水、气温等气象要素之间的统计关系，将气象要素预报结果应用于得到的统计关系来实现径流预测。这种直接方式能够保持历史实测径流的内在统计特征，但这局限了气候变化对径流引起的新影响，并且往往仅可以提供较为单一的径流预测结果。而这种间接方式，忽略了气候变化对原有水文气象相互作用关系的演变影响，原有水文气象统计关系在新的气候变化环境下未必适用。由于基于时间序列分析的径流预测方法存在情景提供能力不足和物理机理较弱等劣势，在当前的水资源适应性管理领域中，利用该方法作为适应性调度策略的情景基础的应用研究十分有限[84-86]。

基于时间序列分析的径流预测方法的直接方式，其典型案例有：Zhang[86]通过对三峡水库历史洪峰与洪量序列的均值、变异系数、偏态系数进行滑动平均法分析，构建出未来径流变化的非一致性情景，从而引入风险价值理论分析了适应于非一致性条件下的汛期运行水位；Tan 等[87]将集成经验模式分解方法和人工神经网络相耦合，考虑径流多时段的相关性影响，提出了适用于汛期的自适应中长期径流预估模型；Dariane 等[88]考虑径流自身的时段间相关关系，利用基于进化神经网络的熵混合模型进行了中长期径流预测。

根据时间序列分析思想和陆气耦合关系实现径流预测的间接方式，其典型案例有：Rasouli 等[89]使用 NOAA 全球预报系统模型、气候指数、当地气象水文观测数据，采用贝叶斯神经网络、支持向量回归和高斯过程三种机器学习方法，对加拿大不列颠哥伦比亚省一个小流域进行了中长期径流预估；Yang 等[90]采用随机森林、人工神经网络和支持向量回归相结合的方法，根据气候现象指数 PDO、ENSO 等预报因子，对美国和中国两个水库的入库径流进行了预测比较；顾逸[84]根据径流和气象数据之间的相关性特征分析，将泛化能力良好的 BP 网络和时间序列处理能力较强的 LSTM 网络耦合，据此开展中长期径流预测研究。

1.3.2.3 基于 GCM-水文模型耦合关系的径流预测方法

目前，GCM 是模拟未来气候变化、评估气候变化影响、探究应对气候变化的适应与缓解措施等一系列问题的最主要数据库。GCM 是由大气环流模式、海洋环流模式、陆地表面模式和海冰模式四个部分构成的复杂系统。GCM 以温室气体排放浓度、社会经济发展程度、土地利用情况和辐射强迫水平等为输入依据，利用能量守恒定律、流体力学方程、热力学原理等模拟未来全球气候，输出未来气候变化条件下的降水和气温等要素。截至 2021 年，GCM 主要将 IPCC 第 5 次评估报告中提出的 4 种代表性浓度路径情景作为输入参考依据，这 4 种关于温室气体排放变化的路径情景分别为 RCP2.6、RCP4.5、RCP6.0、RCP8.5。其中，RCP4.5 对气候变化的估计趋势与我国未来经济发展趋势较为一致，是我国政府制定应对气候变化的政策措施的主要选择情景之一[91]；而 RCP8.5 作为最不利的排放情景，在 IPCC 报告中被建议用来指导世界各国政府与组织制定缓解或适应气候变化的措施[1, 92]。世界气候研究计划（WCRP）发起的第 5 次耦合模式比较计划（Coupled Model Intercomparison Project Phase 5，CMIP5）的研究成果是 GCM 形成的重要依托。与之前的 CMIP3 相比，CMIP5 能够提供更丰富的气候系统模式和更精确的模式分辨率[92]。

GCM 输出的气象预测结果的水平分辨率较粗，一般为 100~300km 左右，对于区域尺度上的气象变量模拟精度往往较差[93]。因此，为了将 GCM 的气象预测结果与水文模型相耦合，以便于开展区域尺度的径流预测以及后续相应的水资源适应性管理研究，通常需要利用降尺度技术得到适用于区域尺度的、高分辨率的气象预测结果。降尺度技术主要分为动力降尺度方法和统计降尺度方法。动力降尺度方法是将区域环流模型嵌套于 GCM 之中，根据一定的初始条件和由 GCM 确定的大气边界条件，获得高分辨率的区域气候信息。统计降尺度方法是基于观测资料构建大尺度环流因子与区域气象要素之间的统计函数关系，并将其移植于未来气候变化条件。相比于动力降尺度方法，统计降尺度方法可以纠正 GCM 的系统误差、能把 GCM 的信息降到站点尺度上、计算量小且节省机时、方法简单灵活、适用范围广。统计降尺度方法是当前水文气象领域中应用最为广泛的一种降尺度技术[94-102]。在降尺度计算的基础上（主要是降水和气温），结合水文模型，可实现未来气候变化影响下的径流预测。

基于 GCM-水文模型耦合关系的径流预测方法，是目前的水资源适应性管理研究中获取未来径流信息的主要方式。图 1-3 展示了该方法的计算流程及其在水库适应性管理中的作用，相应地概述了气候变化领域、水文模型领域、水资源适应性管理领域各自侧重研究的内容。基于 GCM-水文模型耦合关系的径流预测方法，已经被大量的水资源适应性管理研究采用。该方法所提供的多个未来径流情景，为"气候变化对水资源的影响评价"与"适应未来气候变化的水资源开发利用科学探讨"两项研究提供了重要基础。与此方法相关的研究案例有：Raje 和 Mujumdar[103]针对印度的 Hirakud 水库，根据三种温室气体排放情景下的 GCM 预测结果，利用统计降尺度方法和流域水文模型，预测得到未来径流，进而分析了气候变化对水库灌溉、发电、防洪的影响，并利用随机动态规划法提出了缓解气候变化影响的水库自适应调度策略。Minville 等[104]分析了加拿大魁北克 Peribonka 河的水资源系统在未来近期、中期、远期三个阶段的发电适应性表现，其中的

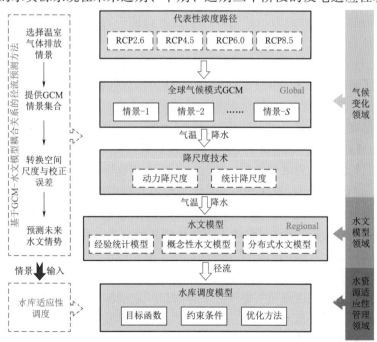

图 1-3 基于 GCM-水文模型耦合关系的径流预测方法以及与水库适应性调度的关系
（灰色阴影部分中虚线框表示选择项，实线框表示并列项）

水文情势预测主要是由天气发生器对两种排放情景下五种 GCM 的气象要素进行降尺度计算，经 VIC 水文模型模拟而得到的。Ashofteh 等[105] 以四种温室气体排放情景下的 HadCM3 模型输出结果作为未来气候变化情景，利用统计降尺度技术，得到了适用于伊朗东阿塞拜疆 Aidoghmoush 水库控制流域的气象信息，借助 IHACRES 半分布式水文模型预测出该流域径流，进而利用遗传规划方法提取出适应气候变化的灌溉水库调度规则。Wen 等[106] 针对不同 RCP 排放情景下的 40 多个 GCM，采用基于偏差校正和空间缩小耦合方法的统计降尺度模型和 SWAT 水文模型，预测得到各个气候变化情景下的径流响应，进而评价了中国西南地区的生态水文系统在气候变化与大规模梯级水电站开发环境下的演变特征。

1.4　气候变化影响下的水库适应性管理研究进展

1.4.1　适应性管理

适应性管理最早被称作"适应性环境评估与管理"，是由 Holling[107] 在 20 世纪 70 年代针对生态系统的实践研究而提出的，旨在克服环境管理的局限和传统静态环境评价的不足。近年来，适应性管理这一理念在资源管理[108, 109]、社会—生态环境[110]、人工—自然环境[111] 等多个领域得到了广泛应用与发展。

自从适应性管理这一概念被提出以来，国内外专家学者对此给出了不同的解读。Lee[108] 认为适应性管理是随着信息更新而不断调整战略目标与战略决策的试验过程。Walters[109] 认为适应性管理是为了解决可再生能源管理中的不确定性问题。Stakhiv[112] 认为适应性管理是为了减少气候变化潜在不利影响所采取的主动或被动的调整措施。Vogt 等[113] 认为适应性管理是针对可测定的目标进行监测与调控，从而动态更新生态系统功能的数据与实时了解社会需求的变化。Lessard[114] 认为适应性管理是一个由监测信息、规划目标、研究方案、实施调控、反馈结果等环节构成的连续过程。Dore 和 Burton[115] 认为适应性管理不仅是在采取行动来减少气候变化的不利影响，也是在想方设法利用可能出现的新机遇与优势。Loucks 和 Gladwel[116] 认为适应性管理是随着整体环境的现状、未来可能出现的情况、目标需求的发展等信息的变化，不断地调整行动策略和关注方向的过程。佟金萍和王慧敏[117] 认为适应性管理是围绕系统可持续管理中的不确定性问题开展设计、规划、监测、管理等一系列连续行动，从而动态调整系统协调性与整体性的过程。曹建廷[118] 认为适应性管理是考虑先前管理实施结果和其他新增信息条件，通过灵活调整决策以应对未来不确定变化环境的系统演变过程。夏军和李原园[119] 将适应性管理总结为一种对监测评估与决策管理进行持续改进的系统行动。IPCC 系列研究[91, 92, 120-122] 揭示了应对气候变化的适应性管理的两点重要意义：一是通过采取措施对系统进行调整，以削减系统的脆弱性、提升系统对环境变化的适应能力；二是将全球变化视为系统调整的一大机遇，将其纳入到科学管理决策中。

在气候变化和社会发展的影响下，适应性管理这一概念在水资源领域中的重要性逐渐凸显。Geldof[123] 将水资源系统管理视为对复杂系统的适应过程，寻找能够适应不断变化的平衡策略,从而来实现水资源适应性管理。Loucks 和 Gladwel[116] 揭示出在水资源规划与管理领域中,面对不确定的变化与影响,实施水资源适应性管理是实现可持续发展的一个必要条件。Ray 和 Brown[124] 认为在气候变化不确定性的环境下,水资源适应性管理是确保水资源可持续利用、实现长远决策的重要手段。

水库调度是确保流域水资源高效利用的重要手段。水库适应性调度是实现水资源适应性管理的核心内容,它融合了水利部门引导和社会个体参与两个方面,统一了政策、认识、技术等多种要素。水库适应性调度是有效应对未来不确定的气候变化环境、实现水资源可持续管理的重要方法,也是当今水资源管理领域的研究热点。

1.4.2　水库适应性调度

关于水库适应性调度问题,其最初的研究重点在于分析气候变化对水库运行管理的影响,最为典型的一类研究是:评价气候变化影响下水库系统的脆弱性、回弹性、可靠性[125-128]。在 21 世纪的近 20 年来,国内外一些学者结合流域水资源管理问题,提出了应对气候变化的水库适应性调度的技术思路,可以将其归纳为两类:"自上而下"(Top-down)方法和"自下而上"(Bottom-up)方法。这两种水库适应性调度方法的设计思路不同,具体技术框架如图 1-4 所示。

由图 1-4 可以看出,两种水库适应性调度方法的主要区别在于研究思路的方向不同,主要体现在两点:①未来气候变化情景的构造模式;②适应性管理的驱动诠释。Top-down 方法,主要采用源自 GCM 的点状情景作为未来气候变化的描述,并认为气候变化是开展水资源适应性管理的驱动要素,据此来制定相应的适应性管理策略;然而,Bottom-up 方法,主要采用以降水和气温多种可能变幅组合的面状情景域来构造未来气候变化,并认为现有的水资源管理策略受到风险威胁是调整管理方式的内在原因,据此来开展以稳健性为核心的适应性管理。就上述两种水库适应性调度方法的本质而言,Top-down 方法通常以单一水库或小区域的水库系统为研究对象,开展适应性调度的微观探讨,旨在结合水库调度技术和未来预测信息对水库调度规则进行特定的适应性调整;而Bottom-up 方法通常针对整个流域范围或大尺度的水库系统,开展适应性管理研究的宏观思路,其特点在于将现有水资源管理策略的风险胁迫状态作为开展适应性管理的判别依据。

具体来说,Top-down 方法遵从"先预测再行动"的基本思想,即首先根据 GCM 对气候变化进行预测,并通过降尺度技术使 GCM 气象预测结果适用于区域尺度,然后利用水文模型预测径流,从而借助水库调度技术来制定水库适应性策略[129]。Top-down 方法能够根据气候变化情景的特点来制定相应的水库适应性调度策略,且计算过程简单直接。但是,由于该方法所采用的未来气候变化情景数目有限、所编制的适应性策略适用时间起点不明确等原因,尚未成为当前决策者应对气候变化管理措施的最佳选择。

当前,Top-down 方法已经被广泛地应用于世界各地的水资源管理实践中,为决策者提供了有效应对特定气候变化影响的水资源适应性管理措施。例如:Yao 和 Georgakakos[130] 根据 GCM 和分布式水文模型生成集合径流情景,将机组负荷分配、短期发电调度、中长期运行决策三个模块整合为一个系统性模型,在美国加州对 Folsom 湖开展了实例应

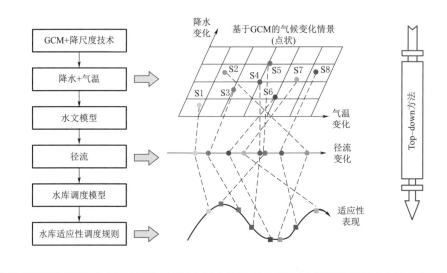

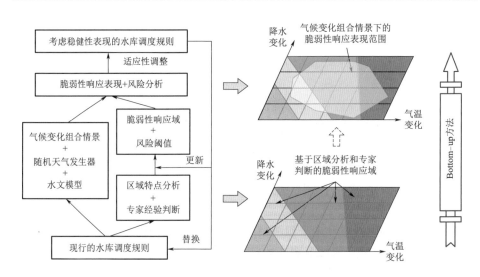

图 1-4　两种适应性调度方法的技术框架

用。Droogers[131]通过将土壤—水—大气—植物田间尺度模型和水—盐关系的流域尺度模型耦合建模，制定出适用于以农业生产为主的斯里兰卡 Walawe 流域的气候变化应对管理策略。Steinschneider 和 Brown[132]将季节性水文预报作为近期调度的运行预报信息，将基于 GCM-水文模型相耦合的预测径流作为远期气候变化条件，利用实物期权方法构建了水库调度的风险对冲系统，并在美国东北部的 Little River 供水水库系统进行了实例验证。Eum 等[133]将基于 KNN 方法的天气发生器模型、HEC-HMS 水文模型和基于差分进化算法的水库优化调度模型相集成，以加拿大泰晤士河上游流域的水库群为例，提取出考虑未来气候变化影响的水库群优化调度图。Gaudard 等[134]将气候变化对水文情势的改变和市场电价的影响考虑到水电站发电运行中，提出了适用于瑞士 Mauvoisi 水电站的适应性管理方法。Rehana 和 Mujumdar[135]针对印度 Bhadra 水库，提出了一个综合区域水资源系统水文气象不确定性的建模框架，据此制定了能够均衡灌溉、水质和水电三个调度目标的长期适应性运行策略。吴书悦等[136]在分析 RCP4.5 情景下 2016—2045 年的水文变化影响的基础上，提出了新安江水库的适应性发电调度图。Haguma 和 Leconte[137]以加拿大魁北克省 Manicouagan 流域的多水库系统为研究对象，针对季节性变化和年际变化两种非平稳气候条件，提出了水库系统长期适应性管理的优化方法。He 等[138]基于两个 GCM 预测情景，利用 Pareto 归档动态尺寸搜索算法，提取出汉江梯级水库系统的多目标适应性调度规则。

不同于 Top-down 方法，Bottom-up 方法采用了"决策标度（decision scaling）"的思想，即考虑气候变化预测信息、水库系统风险和当地管理特点等信息，以当前管理策略自身对气候变化的适应能力作为出发点，通过风险压力测试确定造成不利损失的气候变化条件，以稳健性指标来动态更新管理策略[129]。Bottom-up 方法使用了更全面的气候变化情景，能够提供较为稳健的水资源适应性管理策略；整个研究过程包含了"管理方案评价—风险情景确定—稳健性调整—再评价"一系列较为完整的适应性决策步骤。但是，该方法中的风险管理所涉及的时间过于冗长、所研究的系统过于复杂，因而，其实用性常常备受质疑；并且，其再现能力与透明度往往依赖于专家判断和定性认识等经验因素，这进一步限制了 Bottom-up 方法在实践工程中的广泛应用。

基于 Bottom-up 方法制定水库适应性调度的代表性研究有：Brown 等[139]提出了利用 decision scaling 思想来研究气候变化影响下的水资源规划和管理，该方法同时将气候预测信息、专家及利益相关者的风险阈值偏好、系统脆弱性等要素，纳入到水资源系统适应性管理模型的构建中。在此基础上，Brown 等[140]进一步提出了将自下而上的脆弱性评估与多种气候信息源相结合的气候风险评估方法，通过随机分析和气候响应函数识别引发风险胁迫的气候条件，然后对这些气候条件提出相应的稳健性决策。Herman 等[141]基于 Bottom-up 方法，通过融合多目标搜索和不确定性分析，提出了多利益主体稳健性决策的计算框架，据此应对水文不确定性带来的风险和挑战，在美国北卡罗来纳州 Research Triangle 地区开展了实例讨论。Borgomeo 等[142]针对气候变化条件下英国伦敦供水系统的适应性管理问题，分析了未来气候条件下非平稳缺水频率的概率分布和超过计划频率的缺水概率两个方面的风险度量值，以此作为 Bottom-up 方法中风险阈值的判别依据，并制定出长期水资源的规划管理。Kwakkel 等[143]比较了基于 Bottom-up 方法的稳健决策与动态自适应策略路径两种方式，通过分析二者围绕气候变化影响下水资源管理特点的差异，明确指出稳健决策能够洞察引起风险发生的气候条件，而动态自适应策略路径方法更强调水资源管理策略随着时间推移的动态适应过程。Taner 等[144]在原有的 decision-scaling 思想框架基础上，引入贝叶斯信念网络方法，将水文气象的历史趋势、基于天气发生器的未来气候预测以及专家判断的概率分布进行系统联合，提出了应对气候变化的稳健性调控措施，并以肯尼亚的 Mwache 水库系统进行了验证。

1.5　关键科学问题

基于上述的文献调研可以发现：水库调度规则的研制方法已经日趋成熟，气候变化影响下的水资源预测方法也逐渐完善，但是关于气候变化背景下如何开展水库适应性调度这一问题在近20年来才进行初步探究。在全球变暖的时代背景下，水库调度方式正面临着如何从历史环境向未来气候变化环境进行适应和转变。因此，本书主要致力于解决以下两个问题：

（1）气候变化影响下，何时应该变更水库调度规则

在历史环境向未来气候变化环境转变的背景下，现有水库调度方式终将会被适应性调度规则所替代，但是新旧调度规则发生变更的时间尚不清晰，即水库适应性调度规则的启用时间尚不可知。现有的Top-down方法主要是通过人为主观选择的方式来确定水库适应性调度规则所适用时间段；Bottom-up方法虽然揭示了水库适应性调度规则的启用原因在于现有水库调度规则的失效，但是尚未指出何时应该开始使用水库适应性调度规则，尤其是针对以兴利效益为评价的水库系统的探讨更少。由于缺少明确的启用时间，目前在水库实际运行中，气候变化影响下水库适应性调度研究很难得到真正的认可与广泛的实践。

（2）气候变化影响下，如何制定水库适应性调度规则

1）如何耦合多种GCM来提取合适的水库适应性调度规则。为了应对历史环境与未来气候变化环境之间突然转变的可能情形，当前水库适应性调度研究常会同时采用多种GCM作为未来气候变化情景，以此来制定水库适应性调度规则。但是，多种GCM的耦合使用不仅面临着情景权重量化方式不统一的问题，还存在着情景耦合位置多样的问题，但是这两个问题的讨论往往是分离的，忽视了在不同的权重量化方式和情景耦合位置的共同影响下，如何提取出有效应对未来不确定气候变化环境的水库适应性调度规则。

2）如何提取可行且稳健的水库适应性调度规则。不论是Top-down方法还是Bottom-up方法，主要以未来预测信息为依据，侧重于在历史环境与未来气候变化环境之间突然转变情形下提供适应性调度策略。但是，如果历史环境向未来气候变化环境的转变是逐渐发生的，如何将历史实测信息与未来预测信息一并融合，提取一种可行且稳健的水库适应性调度规则，是目前大多数研究中鲜有考虑的。

3）如何确定在气候变化影响下具有长远应用能力、均衡多目标效益的水库调度方案。对于多目标任务型水库而言，传统多目标决策方法通常存在着决策短视性的问题，面对历史环境向未来气候变化环境发生逐渐转变的可能情形，如何考虑水库调度方案的长远应用能力，进行多目标适应性调度与决策，得到既能平衡多目标效益，又能稳健应用于历史和未来两种环境的方案，是当前研究中尚未关注的一个问题。

1.6 主要内容概述

水库作为径流调节的关键水利工程，水库调度作为水资源规划与管理的核心手段，是确保水资源有效应对气候变化挑战的重要利器。本书的主要研究目标是致力于解决气候变化影响下水库调度规则"何时变"与"怎样变"两大难题。其技术路线图如图1-5所示，具体解释如下：首先，以历史水库调度规则发生失效作为水库适应性调度规则的本质原因，从失效概率变点的角度出发，确定了气候变化影响下水库调度规则的变更时间；然后，根据未来预测信息和历史实测信息，基于水库调度规则的提取方法，一方面针对历史环境向未来气候变化环境的突然式转变情形，深入分析了多种GCM在提取水库适应性调

度规则中的最佳使用方式，另一方面针对历史环境向未来气候变化环境的逐渐式转变情形，提出了可用性好且稳健的水库适应性调度规则，以及构建了考虑长远应用价值的水库多目标适应性调控与决策模型。

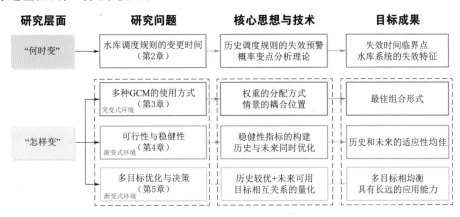

图 1-5　技术路线图

本书各章节的核心要点如下：

第 1 章　概论。首先，介绍了论文研究背景及意义，综述了水库调度规则、气候变化对水资源的影响、气候变化影响下水库适应性管理三个方面的研究进展，其中，后两个方面的研究为水库适应性调度提供了必需的研究基础；然后，引出了本书所讨论的关键科学问题、主要内容概述等。

第 2 章　气候变化影响下水库调度规则的失效预警分析方法。首先，基于历史长期实测的径流资料，利用参数化-模拟-优化方法，提取了以发电效益为目标的水库历史调度规则；然后，通过"考虑径流影响下的水库调度年效益的概率分布函数估计""基于可接受风险水平的预警阈值确定""借助概率变点分析技术的历史调度规则的失效预警时间识别"三个部分，构建了水库调度规则的失效预警模型；据此，明确了历史调度规则在未来气候变化影响下的失效时间临界点。本章节可以有效解答气候变化影响下水库调度规则的"何时变"问题。

第 3 章　耦合多种 GCM 的水库适应性调度规则。针对历史环境向未来气候变化环境发生突然转变的情形，将多种 GCM 作为描述未来气候变化情景的依据，着眼于多个未来气候变化情景的权重分配方式与耦合位置对水库适应性调度规则的影响这一问题，首先，讨论了水文气象领域中常用的等权重方法和基于可靠性综合平均系数的不等权重方法；然后，根据两种权重分配方式，针对水库调度模型和水文模型这两个情景耦合位置，分别以多情景的平均效益最大化、合成情景的多年平均效益最大化作为目标函数，利用参数化-模拟-优化方法提取相应的水库适应性调度规则，比较了不同组合方式下的水库适应性调度规则的表现，从而，指出了权重分配方式与情景耦合位置在提取水库适应性调度规则中的最佳组合形式。本章节针对历史环境向未来气候变化环境发生突然转变的这一情形，回答了气候变化影响下水库调度规则的"怎样变"问题。

第 4 章　兼顾历史—未来的水库调度规则。首先，分析了历史实测信息的重要性和未来预测信息的必要性；然后，以历史与未来两种环境下的多情景平均效益和多情景平均稳健性指标的最大化为目标函数，建立了水库优化调度模型，利用参数化-模拟-优化方法，提取了兼顾历史—未来的水库调度规则。本章节针对历史环境向未来气候变化环境发生逐渐转变的这一情形，从"可行与稳健"的角度，解析了气候变化影响下水库调度规则的"怎样变"问题。

第5章 考虑水库调度方案长远应用能力的多目标决策模型。针对多目标任务型水库，首先，基于历史实测信息的可靠性和未来预测信息的不容忽视性，分析了现有的多目标问题中"先优化—再决策"方法的应用短视性；然后，"以历史效益为优的多目标优化调度模型建立""以未来可用的评价指标矩阵确定""基于可视化分析技术和结构方程模型对目标相互关系的定性分析与定量计算""依据空间坐标系思想的多目标决策方程构建"四个部分，组成了考虑水库调度方案长远应用能力的多目标决策模型。本章节针对历史环境向未来气候变化环境发生逐渐转变的这一情形，结合多目标调控实践，解答了气候变化影响下水库调度规则的"怎样变"问题。

第 2 章   气候变化影响下水库调度规则的失效预警分析方法

2.1   引言

水库具有良好的调蓄作用,是流域水资源管理中应对气候变化不利影响的有效工程措施[145]。近几十年来,人们越来越认识到适应气候变化的战略重要性[124, 140]。目前,开展水库适应性调度的主流研究方式可以归纳为:Top-down 方法和 Bottom-up 方法。前者是先通过 GCM 和水文模型来预测未来气候变化情景,然后结合未来水文气象预测信息进行水库调度研究,提出水库适应性调度策略;后者是依托于降水和气温的多种可能变幅的组合来构成未来气候变化情景,考虑水库系统的风险承受能力和当地决策者的偏好,对现有的水库调度策略的风险抗压能力进行评价,针对构成风险威胁的情景域,实施稳健的调度策略,然后再进行适应性评价。

Top-down 方法虽然简单易行,但是它却面临着如何确定气候变化情景所述时间段的难题[129]。可以说,尽管 Top-down 方法能够根据不同气候变化条件来制定相应的适应性策略,但是,因主观选择未来气候变化情景所述时间段的方式,而尚未成为当前决策者应对气候变化管理措施的最佳选择。而 Bottom-up 方法的实用性,因所涉及的风险管理时间过于冗长且所研究的系统过于复杂,而常常受到质疑和限制[129]。此外,Bottom-up 方法的再现能力与透明度,因高度依赖于专家判断和定性认识等经验因素,在推广应用上进一步受到了阻碍。因此,尽管 Bottom-up 方法能够提供较为稳健的水库适应性调度策略,但是其操作上的复杂性与经验依赖性,使得该方法在实践工程案例中难以得到广泛应用。对于多水库构成的复杂系统问题,Bottom-up 方法的实用价值会显著降低。

一些专家学者在制定荷兰长期水资源管理策略时,开始意识到上述现有两种水库适应性调度方式所存在的问题[129, 146, 147]。为此,他们参照 Bottom-up 方法的基本理念,提出了现有水资源管理策略存在着"适应性临界点(Adaptation Tipping Point,ATP)"。他们指出:ATP 本质上是指气候变化引发某种环境变量(如温度、降水量、流量和海平面)的变化幅度过高,导致当前的管理策略无法达到预定要求目标时所对应的时间点。ATP 的提出可以帮助决策者根据可观测物理量的变幅程度来判别是否需要、何时需要采取适应性管理策略。在他们所采用的以防洪和供水为主的莱茵河三角洲案例中,如果当前水库管理策略在未来气候变化影响下的水位变幅超过可接受的阈值 0.2m 时,则意味着"适应性临界点 ATP"的到来,因而需要采取一种新的管理策略来适应气候变化。这些专家学者还进一步阐释了提出适应性管理策略的主要原因在于:当前管理策略在未来气候变化条件下某一时间内无法满足预定目标的要求,而并非气候变化本身。

这一原因的揭示，为本书开展调度规则失效预警研究提供了一个良好的理论基础。但有所区别的是，对于以社会经济效益为主要衡量的水库调度规则，是很难直接根据环境约束给出合理可接受阈值的，即上述研究成果难以直接借鉴应用。可以说，很少有研究讨论以社会经济效益为主要衡量的水库调度规则在气候变化条件下何时会失效。

因此，本书面向发电型水库系统，根据荷兰专家学者所揭示的提出适应性管理策略的本质原因，创新性地从失效概率变点的角度出发，提出了一种识别当前水库管理策略在未来气候变化条件下失效时间临界点的方法。在本书中，所确定出的失效时间临界点称为失效预警时间（Failure Warning Time，FWT）。本书中所采用的当前水库管理策略是一种基于历史实测数据而提取的参数化调度规则[26, 148, 149]，称为历史调度规则（Historical Operating Rules，HOR），此规则与其他研究[150, 151]中所述的基准调度规则实质相同。HOR在目前的实践调度中被广泛采用，一方面是因为历史实测信息可靠，HOR能够在一系列历史水文气象条件中表现良好[152]；另一方面是因为未来长期的气候变化预测本身存在着高度的不确定性，以此所制定的适应性应对方案通常难以被水库管理者所采纳[148]。

与ATP作用类似，本书所识别出的水库历史调度规则（HOR）的失效预警时间（FWT）可以直接告知管理者：在未来气候变化条件下何时需要采取适应性调度决策。但不同于直接根据可观测物理的变幅情况而确定的ATP，FWT是HOR在未来气候变化影响下经济效益失效的概率变点。可具体理解为：对于气候变化影响下的整个未来时期，在FWT之前的时间范围内，HOR的平均失效风险较小，表明HOR在这一时间段内是可用的；而FWT之后的时间范围内，HOR的平均失效风险明显增加，则说明水库管理者必须实施适应性替代方案来应对气候变化的不利影响，否则可能面临HOR的高失效风险。这里，HOR的失效可以理解为：HOR的实际年调度效益小于预定最小效益阈值的情况。该阈值是由水库调度年效益的概率分布函数和可接受风险水平联合确定的，本书称之为风险预警阈值（Risk-based Warning Threshold，RWT）。对于发电水库系统而言，年径流量的大小和年内径流的时程分配，对水库调度效益有着直接影响。因为不同年径流条件下获取调度效益的能力是不相同的，采用"一刀切"的效益考核标准来判别历史调度规则失效与否往往是片面的。为此，本书引入了水文年类型（Hydrological Year Category，HYC）对年发电效益进行分类，据此来确定出分类化的风险预警阈值。采用分类化的风险预警阈值，可以有助于降低FWT错误识别。在识别技术上，由于FWT识别问题本质理解上与汛期分期问题[153]有着相似之处，因此，本书同样也采用了概率变点分析技术来确定FWT。

此外，关于未来气候变化情景的描述，这里采用了基于GCM-水文模型耦合关系的径流预测结果。基于GCM预测的未来气候变化情景具有以下优点：①考虑了水文气象变量的空间相关性和时间演变性；②能够明确给出预测结果的对应时间；③具有地球气候对环境变化和人类社会发展的物理响应的机理支撑。在本书中，GCM提供的时间段，是自历史实测数据截止时间点到21世纪末的连续时段，这有利于明确地识别出历史调度规则在未来哪个时间点之后将被新的适应性方案所替代。上述优势是本书开展历史调度规则失效预警分析的重要前提。

2.2　研究区域描述

2.2.1　溪洛渡—向家坝—三峡梯级水库

选取长江干流的溪洛渡—向家坝—三峡梯级水库作为研究案例（如图 2-1 所示）。该梯级水库是世界上最大规模的流域梯级水库系统，是中国"西电东送"的重点工程。其中，溪洛渡、向家坝水库是位于金沙江下游两级相邻的以发电为主的大型水电站，总装机容量分别为 13 860MW、6 400MW；三峡水库是长江流域骨干控制性工程，总装机容量为 22 500MW，世界排名第一。溪洛渡—向家坝—三峡梯级水库的各水库主要参数如表 2-1 所示。

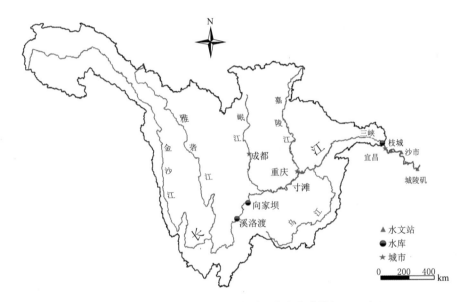

图 2-1　溪洛渡—向家坝—三峡梯级水库的流域概况示意图

表 2-1　溪洛渡—向家坝—三峡梯级水库的主要参数表

项　　目	溪洛渡	向家坝	三峡
坝址控制流域面积（万 km²）	45.44	45.88	100
总库容（亿 m³）	129.10	51.63	450.44
防洪库容（亿 m³）	46.5	9.03	221.5
正常蓄水位（m）	600	380	175
防洪限制水位（m）	560	370	145
装机容量（MW）	13 860	6 400	22 500
多年平均流量（m³/s）	4 590	4 630	14 300

2.2.2　研究数据

由图 2-1 所示的水库分布概况和表 2-1 所示的各水库多年平均流量可知，向家坝至三峡的区间径流是金沙江流域（溪洛渡、向家坝）的两倍，而溪洛渡至向家坝的区间径流较小（小于溪洛渡入库径流的 1%，可忽略不计）。因此，水文气象数据是针对金沙江流域、向家坝至三峡的区间流域两个部分进行分析的。选取旬为研究时间尺度。

对于金沙江流域和向家坝至三峡的区间流域，选取 1956—2011 年的气象数据（气温、降水）和径流数据作为历史实测资料。以 2012—2100 年作为未来气候变化时期，未来降雨和气温数据来源于 CMIP5 提供的 RCP8.5 排放情景下 4 个 GCM 的研究结果。这里选取的 4 个 GCM 为 Bnu-ESM、CanESM2、CSIRO-Mk3.6.0、IPSL-CM5A-LR。通过误差校正和空间降尺度[154]，得到适用于长江上游梯级水库系统所在区域——金沙江流域和向家坝至三峡的区间流域的 GCM 处理后数据。

本书采用两参数月水量平衡模型[155]来预测四种 GCM 下金沙江流域和向家坝至三峡区间流域的径流。该水文模型分别以 1956—1996 年和 1997—2011 年的历史实测径流资料作为率定和检验的依据，利用 SCE-UA 方法[22]对模型参数进行优化，通过纳什效率系数（Nash-Sutcliffe Efficiency，NSE）和相对误差（Relative Error，RE）两个指标来评价模拟效果。水文模型的评价结果为：对于金沙江流域，率定期的 NSE 为 91.2%、RE 为 2.3%，检验期的 NSE 为 90%、RE 为 3.1%；对于向家坝至三峡的区间流域，率定期的 NSE 为 81.5%、RE 为 2.2%，检验期的 NSE 为 83.2%、RE 为 1.9%。上述精度均满足要求，表明由历史实测资料率定的水文模型参数可用于预测未来径流。

2.2.3　历史调度规则

2.2.3.1　目标函数

以梯级水库系统的多年平均发电量最大化作为目标函数，其数学描述如下：

$$\text{Max } \overline{B}^{CAS}\big|_{his} = \frac{1}{N^*}\sum_{j=1}^{N^*}\sum_{i=1}^{TS} PO_{i,j}\Delta t_{i,j} \tag{2-1}$$

式中：$\overline{B}^{CAS}\big|_{his}$ 为梯级水库的多年平均发电量，其中的记号 $\big|_{his}$ 表示优化模型以历史实测径流为输入；N^* 和 TS 分别为历史时期的总年数和每年的时段步长总数；$\Delta t_{i,j}$ 为时段步长的大小；$PO_{i,j}$ 为梯级水库在第 j 年的第 i 时段的总出力，其计算式如下：

$$PO_{i,j} = \sum_{k=1}^{M} PO_{i,j}^k \tag{2-2}$$

$$PO_{i,j}^k = \min(\gamma^k R_{i,j}^k H_{i,j}^k, PO_{\max}^k) \tag{2-3}$$

式中：$PO_{i,j}^k$ 为梯级水库中第 k 个水库在第 j 年的第 i 时段的出力值；M 为梯级水库中的水库数量；γ^k 为第 k 个水库综合发电系数；$R_{i,j}^k$ 为第 k 个水库在第 j 年的第 i 时段的出流；$H_{i,j}^k$ 为在第 j 年的第 i 时段的净水头值，是水库水位与下游尾水位的函数；$PO_{\max}^k$ 为梯级水库中第 k 个水库的发电机组最大出力值。

2.2.3.2　约束条件

梯级水库约束包括水库水量平衡、相邻水库间的水力联系、水库库容约束、水库出流约束和水库出力约束，其数学描述如下：

（1）水库水量平衡

$$\begin{cases} V_{i+1,j}^k = V_{i,j}^k + (I_{i,j}^k - R_{i,j}^k)\,\Delta t_{i,j} \\ V_{1,j+1}^k = V_{TS+1,j}^k \end{cases} \quad \forall i,j,k \tag{2-4}$$

式中：$V_{i,j}^k$ 和 $V_{i+1,j}^k$ 分别为第 k 个水库在第 j 年的第 i 时段始、末水库库容；$V_{1,j+1}^k$ 为第 k 个水库在第 $j+1$ 年的初始库容；$I_{i,j}^k$ 和 $R_{i,j}^k$ 分别为第 k 个水库在第 j 年的第 i 时段的水库入流与水库出流。

（2）相邻水库间的水力联系

$$I_{i,j}^k = \Delta I_{i,j}^k + R_{i,j}^{k-1} \quad k \geqslant 2 \tag{2-5}$$

式中：$\Delta I_{i,j}^k$ 为第 k 个水库与其上一级水库之间的区间径流；$R_{i,j}^{k-1}$ 为第 $k-1$ 个水库的水库出流。

（3）水库库容约束

$$V_{i,\min}^k \leqslant V_{i,j}^k \leqslant V_{i,\max}^k \quad \forall i,j,k \tag{2-6}$$

式中：$V_{i,\min}^k$ 和 $V_{i,\max}^k$ 分别为第 k 个水库在第 i 时段的水库库容下限和上限。

（4）水库出流约束

$$R_{\min}^k \leqslant R_{i,j}^k \leqslant R_{\max}^k \quad \forall i,j,k \tag{2-7}$$

式中：$R_{\min}^k$ 和 $R_{\max}^k$ 分别为第 k 个水库在第 i 时段的水库出流下限和上限。

（5）水库出力约束

$$PO_{\min}^k \leqslant PO_{i,j}^k \leqslant PO_{\max}^k \quad \forall i,j,k \tag{2-8}$$

式中：$PO_{\max}^k$ 和 $PO_{\min}^k$ 分别为第 k 个水库在第 i 时段的水库出力上限和下限。

2.2.3.3　历史调度规则的描述与提取

采用参数化-模拟-优化方法[22]提取梯级水库的历史调度规则。该方法主要计算步骤包括：①预设水库调度规则形式；②采用启发式智能算法直接优化调度规则参数；③根据预设的调度规则形式和相应的调度规则参数，基于径流信息，模拟梯级水库调度过程；④通过比较评价指标，确定梯级水库调度规则的最优参数集。对于梯级水库系统中各个水库，以线性调度规则形式[21,156]为例开展后续研究，即：

$$\hat{R}_{i,j}^k = a_i^k (V_{i,j}^k / \Delta t_{i,j} + I_{i,j}^k) + b_i^k \quad \forall i,j,k \tag{2-9}$$

式中：a_i^k 和 b_i^k 为第 k 个水库在第 i 时段的调度规则参数；$\hat{R}_{i,j}^k$ 为第 k 个水库在第 j 年中第 i 时段的基于调度规则所计算的水库出流；$(V_{i,j}^k / \Delta t_{i,j} + I_{i,j}^k)$ 为第 k 个水库在第 j 年中第 i 时段的可用水量。其中，参数 a_i^k 和 b_i^k 对溪洛渡、向家坝、三峡水库设定范围相同，分别取值

为 [0, 200]、[-85 000, 40 000]。

本书采用耦合遗传算法的参数化-模拟-优化方法，来提取梯级水库调度规则优化参数。就溪洛渡—向家坝—三峡梯级水库系统这一研究案例而言，各个水库采用的线性调度规则形式如式（2-9）所示，优化目标函数如式（2-1）所述，梯级水库的调度过程需满足式（2-4）~式（2-8）约束要求。据此所提取出的梯级水库的历史调度规则是以梯级水库总效益为出发点，联合溪洛渡、向家坝、三峡水库共同调度的结果，即该梯级水库调度规则本质上是三个水库调度规则优化参数的集合。这一历史调度规则在失效预警研究中，不仅有助于认识整体梯级系统效益的失效表现，还能够帮助了解其各部分组成的失效差异性。此外，梯级水库调度规则并不局限于当前所采用的形式与构成方式，在不同研究案例下，梯级水库历史调度规则的选择需考虑区域特点和决策者偏好。

2.3 失效预警模型

2.3.1 技术框架概述

水库调度规则失效预警模型的技术路线图如图2-2所示。该路线图中红色框线所划分的6个部分构成如下：①第一部分是基于GCM和水文模型进行径流预测，以提供未来气候变化情景。②第二部分至第四部分是考虑径流影响下的水库调度年效益的概率分布函数估计。其中，第二部分根据气候变化背景下的径流预测信息，利用多元Copula方法生成多组模拟径流样本，将其作为历史调度规则的输入，以获得相应的多组年效益样本；第三部分利用水文年类型信息对水库调度年效益进行分类，为第四部分开展分类化的水库调度年效益的概率分布函数估计提供研究基础。③第五部分是通过可接受风险水平和分类化的水库调度年效益的概率分布函数，确定出相应的分类化风险预警阈值（RWT）。④第六部分是借助概率变点分析技术，识别历史调度规则在未来气候变化影响下的失效预警时间（FWT）。

气候变化情景及其径流预测和历史调度规则的选取，一般因研究区域而定，本书研究案例所采用的4种气候变化情景及其径流预测如第2.2.2节所述，而所采用的历史调度规则如第2.2.3节所述。图中的第二至第六部分的具体计算过程将在第2.3.2~2.3.6节中进行介绍。

2.3.2 径流随机模拟方法

在未来气候变化影响下，历史调度规则年效益概率密度函数估计是需要大量水库调度年效益样本的。对于某一特定的未来气候变化情景来说，未来径流预测序列是唯一的，相应地，基于历史调度规则模拟计算得到的年调度效益序列也是唯一的，但该年调度效益序列长度一般仅为几十年，即只用几十个样本点来估计其概率分布函数是不充分的。水库调度效益，尤其是发电效益，主要取决于径流输入条件[157]，因此，本书首先以基于GCM的预测径流为基准数据，利用随机模拟技术丰富未来气候变化情景的径流样本，旨在保持未来气候变化情景的原有特征前提下，又能够增加径流样本；然后，将上述多组径流样本

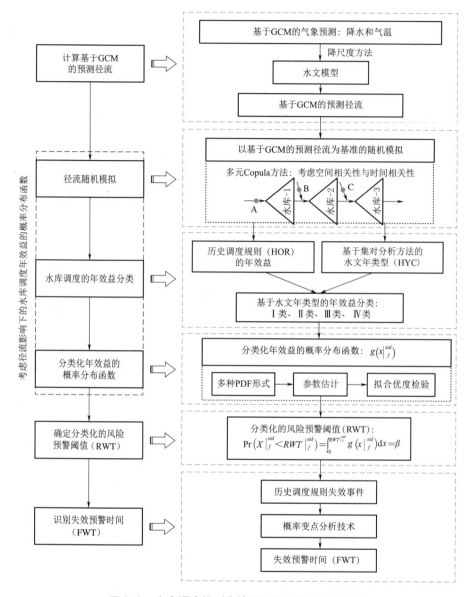

图 2-2　水库调度规则失效预警模型的技术路线图

作为历史调度规则的输入，计算相应的水库调度年效益。鉴于研究案例为溪洛渡—向家坝—三峡梯级水库，故在进行径流随机模拟时需要考虑水库来水的时空相关性。

为此，采用 Chen 等[158]提出的多元 Copula 方法随机模拟梯级水库入流。该方法利用双重二元 Copula 函数构建考虑时间和空间相关性的多元分布函数。这一方法不仅能够考虑到梯级水库系统中水库来水之间的时空相关性，还具有良好地捕捉基准数据特征的能力。这种基于多元 Copula 方法进行径流随机模拟的计算原理与步骤详见参考文献［158］。此方法的基本思路为：首先，针对龙头水库，考虑自身径流的时间相关性，采用二元 Copula 函数来随机模拟水库入流，然后，根据龙头水库入流的随机模拟结果，结合龙头水库入流和每个区间径流的空间相关性，利用参考文献［158］所解析的多元联合分布对每个区间流域进行径流随机模拟。

举例来说，以特定气候变化情景下基于 GCM 的径流预测序列为基准数据（如图 2-2 所示的第二部分概画图所示，"A""B""C"分别代表水库-1 的控制流域、水库-1 和水库-2 的区间流域、水库-2 和水库-3 的区间流域在同一个 GCM 驱动下各自的径流预测结果）。鉴于多元 Copula 方法良好的径流特征捕捉能力，这里，假定基于多元 Copula 方法随机模拟得到的多组径流序列仍可代表同一个未来气候变化情景，通过比较基准径流序列与模拟序列的特征参数（均值、标准差 S_d、偏态系数 C_s）的箱型图，可以分析所模拟数据的可用性。

以某一未来气候变化情景下径流预测序列为基准数据，针对水库 k 而言，基于多元 Copula 方法进行随机模拟而得到的 L 组径流序列结果的数学表示如下：

$$QSim^k = (QS_1^k, \cdots, QS_s^k, \cdots, QS_L^k) \qquad (2\text{-}10)$$

$$QS_s^k = (qy_{1,s}^k, \cdots, qy_{j,s}^k, \cdots, qy_{N,s}^k) = \begin{bmatrix} qs_{1,1,s}^k & \cdots & qs_{1,j,s}^k & \cdots & qs_{1,N,s}^k \\ \vdots & \ddots & \vdots & \ddots & \vdots \\ qs_{i,1,s}^k & \cdots & qs_{i,j,s}^k & \cdots & qs_{i,N,s}^k \\ \vdots & \ddots & \vdots & \ddots & \vdots \\ qs_{TS,1,s}^k & \cdots & qs_{TS,j,s}^k & \cdots & qs_{TS,N,s}^k \end{bmatrix} \qquad (2\text{-}11)$$

式中：$QSim^k$ 为基于同一 GCM 径流预测序列下第 k 个水库共 L 次循环的随机模拟径流数据集，它是按照循环次数划分的径流随机模拟结果数据集；当 k 为 1 时，$QSim^k$ 表示龙头水库入库径流的随机模拟结果，否则，$QSim^k$ 则表示第 k 个水库和第 $k-1$ 个水库区间径流的随机模拟结果。该数据集中元素 QS_s^k 为第 k 个水库在第 s 次循环中随机模拟的 N 年径流矩阵，其详细描述如式（2-11）；$qy_{j,s}^k$ 为第 k 个水库在第 s 次循环中第 j 年的径流序列，可表述为 $qy_{j,s}^k = (qs_{1,j,s}^k, \cdots, qs_{i,j,s}^k, \cdots, qs_{TS,j,s}^k)^T$；$qs_{i,j,s}^k$ 为第 k 个水库在第 s 次循环中第 j 年的第 i 个时段的径流值。N 和 TS 分别表示未来时期的总年数和每年的总时段数，本章研究案例中，未来时段为 2012—2100 年，时间尺度为旬，故分别取值为 89 和 36；L 为随机模拟的总循环数，本章研究案例取值为 200。

2.3.3 基于水文年类型的水库调度年效益分类

水库调度年效益，特别是发电效益，与年径流量大小和年内径流时程分配密切相关[159]。由于不同年径流条件下创造水库调度效益的能力是不相同的，采用"一刀切"的效益考核标准来分析历史调度规则失效与否往往是片面的。为了避免对历史调度规则失效的错误识别，引入了水文年类型（Hydrological Year Category，HYC）对年调度效益进行分类，据此给出分类化的失效判别指标——风险预警阈值（RWT）。

2.3.3.1 水文年类型的确定

水文年类型（Hydrological Year Category，HYC）可以将复杂的水文学简化为与水资源管理相关的单一数值度量[160]。传统的均值标准法和频率分析法是以年径流量为指标，分别依据均值与标准差、频率排序确定出水文年的丰枯类别。但是，上述两种方法却忽略了年内径流时程分配对水资源管理与配置的影响[161]。因此，为了同时考虑径流量大小和年内径流时程分配对水库调度效益的影响，本书基于集对分析法[162]的改进思路对水文年进行丰枯分类。集对分析法在利用径流信息确定水文年类型的相关研究中，具有刻画细致的优势和广阔的应用前景[161, 163, 164]。

　　针对未来气候变化情景下的水文年划分，做出如下前提假定：①在分析 HYC 时，径流信息是不考虑水库调节作用的；②由于随机模拟计算得到的径流数据集代表着相应于基准数据的气候变化情景（即 GCM 所描述的气候变化情景），故将随机模拟得到的径流数据集作为水文年类型分析的径流资料。在水文年丰枯分类时，因为随机模拟数据集涵盖了 L 组的多年径流序列，不同于传统上单一的多年径流序列[161, 163, 164]，故本书对传统的集对分析法进行了改进，计算水文年类型（HYC）的完整流程如图 2-3（a）所示。其中，采用分位法确定径流量大小的划分标准，包含丰、偏丰、偏枯、枯四级，对应简化记作类别Ⅰ、Ⅱ、Ⅲ、Ⅳ。HYC 的分析是针对梯级水库中的各个水库（$1 \leqslant k \leqslant M$）逐一开展的，具体计算步骤的描述如下：

　　Step1：对于第 k 个水库，将不考虑上游水库调节作用的 L 组随机模拟的入库径流结果 $\sum_{l=1}^{k} QSim^l = \left(\sum_{l=1}^{k} QS_1^l, \cdots, \sum_{l=1}^{k} QS_s^l, \cdots, \sum_{l=1}^{k} QS_L^l \right)$ 作为分析水文年类型的输入。在分析水文年类型时，首先是确定同一次循环下同一年内的各个时段径流 $\sum_{l=1}^{k} qs_{i,j,s}^l$ 在径流量大小上所体现的类别划分，然后是分析每年径流序列 $\sum_{l=1}^{k} qy_{j,s}^l$ 的年内径流时程分配特点，最后是对每一次循环形成的数据矩阵 $\sum_{l=1}^{k} QS_s^l$ 在各年的各时段内重复本步骤前述的分析过程。

　　Step2：比较第 s 次循环下第 j 年的第 i 时段的径流量与相应时段的径流量大小划分标准，确定该时段在径流量大小上所反映出的分类结果，记作 $CM_{i,j,s}^k$，以量化符号Ⅰ、Ⅱ、Ⅲ、Ⅳ中的一种表示。径流量大小划分标准的计算思路如图 2-3（b）所示。具体计算过程描述为：将所有径流随机模拟结果数据集，按照时间段划分，即（$QT_1^k, \cdots, QT_i^k, \cdots,$ QT_{TS}^k）。对于每个时段 i，将涵盖所有循环次数下的所有年份的同一时段径流值，从大至小排序，确定出对应于分位数为 25%、50%、75% 的径流值 $qc_i^k|_{25}$、$qc_i^k|_{50}$、$qc_i^k|_{75}$；进而构成划分该时段径流量由大到小四个标准的取值范围，即 $[qc_i^k|_{25}, +\infty)$、$[qc_i^k|_{50}, qc_i^k|_{25})$、$[qc_i^k|_{75}, qc_i^k|_{50})$、$[0, qc_i^k|_{75})$。径流量大小的分类标准因时段不同而不同。

　　Step3：对于同一次循环下同一年内的时段 i 从 1 至 TS，重复上述 Step2。从而得到考虑径流量影响的该年分类结果，即 $CV_{j,s}^k = (CM_{1,j,s}^k, \cdots, CM_{i,j,s}^k, \cdots, CM_{TS,i,s}^k)$。

　　Step4：将上述考虑径流量影响的分类结果 $CV_{j,s}^k$ 与四种年内径流时程分配的标准化指标 CC_f 构成集对，计算二者之间的同一性、差异性、对立性指标的联系度大小。其中，$CC_f = (f_1, \cdots, f_i, \cdots, f_{TS})$，$f$ 表示量化符号Ⅰ、Ⅱ、Ⅲ、Ⅳ。联系度的计算表达式为：

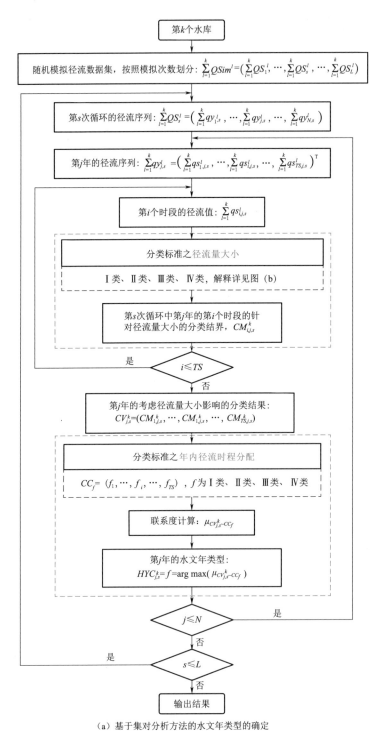

（a）基于集对分析方法的水文年类型的确定

图 2-3　水文年类型分析的流程图（一）

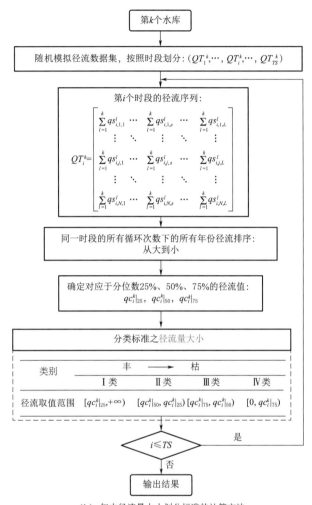

（b）年内径流量大小划分标准的计算方法

图 2-3 水文年类型分析的流程图（二）

$$\mu_{CV_{j,s}^k \sim CC_f} = \frac{S}{W} + \frac{J_1}{W}\lambda_1 + \frac{J_2}{W}\lambda_2 + \frac{O}{W}\eta \tag{2-12}$$

式中：$\mu_{CV_{j,s}^k \sim CC_f}$ 为集对 $G(CV_{j,s}^k, CC_f)$ 的联系度；W 为所有特性数，即径流丰枯分类问题中为总时段数；S 为两个集合相同特性的个数；J_1 为两个集合相差一级的特性个数；J_2 为两个集合相差两级的特性个数；O 为两个集合相反特性的个数；λ_1 和 λ_2 为差异不确定性系数，取值范围为 $[-1,1]$；η 为对立系数，取值为 -1。

Step5：根据 Step4 计算得到的综合了径流量大小和年内径流时程分配共同影响的联系度结果，取最大联系度对应的丰枯类别，作为最终的水文年类型 $HYC_{j,s}^k$，数学表述为：

$$HYC_{j,s}^k = f = \arg\max_{f=\mathrm{I,II,III,IV}}(\mu_{CV_{j,s}^k \sim CC_f}) \tag{2-13}$$

式中：$HYC_{j,s}^k$ 为第 s 次循环下第 j 年的水文年类型，取值为量化符号 I、II、III、IV。

Step6：重复上述 Step2~Step5，确定出同一次循环下每一年的水文年类型，然后再对各个循环次数进行计算。最终得到的水文年类型结果是一个 $L \times N$ 的矩阵（其中，L 为径流随机模拟的总循环次数，N 为未来时期的总年数）。

2.3.3.2 水库调度年效益分类计算

（1）各个水库的年效益分类

对于梯级系统中的每一个水库，将计算得到的水文年类型结果直接作为其年效益分类的依据，即：

$$CB_{j,s}^k = HYC_{j,s}^k \qquad (2-14)$$

式中：$CB_{j,s}^k$ 为第 k 个水库在第 s 次循环下第 j 年的年效益分类，取值为 Ⅰ、Ⅱ、Ⅲ、Ⅳ。

（2）梯级水库系统的年效益分类

由于梯级水库联合调度的年效益是各个水库年效益之和，因此，以各水库年效益分类结果的加权平均值作为梯级水库系统的年效益分类，即：

$$CB_{j,s}^{CAS} = \sum_{k=1}^M \omega_{j,s}^k CB_{j,s}^k \qquad (2-15)$$

$$\omega_{j,s}^k = \frac{B_{j,s}^k \big|_{\mathrm{fut}}}{\sum_{k=1}^M B_{j,s}^k \big|_{\mathrm{fut}}} \qquad (2-16)$$

式中：$CB_{j,s}^{CAS}$ 为梯级水库系统在第 s 次循环下第 j 年的年效益分类结果，是各个水库年效益分类结果 $CB_{j,s}^k$ 的加权平均值。在实际计算中，将 $CB_{j,s}^k$ 对应的量化符号 Ⅰ、Ⅱ、Ⅲ、Ⅳ分别转化为 1、2、3、4，当 $CB_{j,s}^{CAS}$ 的计算结果位于取值范围 [1.0，1.75]、(1.75，2.5]、(2.5，3.25]、(3.25，4.0] 时，其对应的量化符号为 Ⅰ、Ⅱ、Ⅲ、Ⅳ。本书将 $CB_{j,s}^{CAS}$ 和 $CB_{j,s}^k$ 简化即为 $CB_{j,s}^{std}$，其中的上标 std 表示研究对象，包括梯级水库系统和构成该梯级系统的各个水库（溪洛渡、向家坝、三峡）。$\omega_{j,s}^k$ 为第 k 个水库在第 s 次循环下第 j 年的效益权重，即第 k 个水库对整个梯级水库系统的效益贡献能力，数学计算可见式（2-16）。$B_{j,s}^k \big|_{\mathrm{fut}}$ 和 $\sum_{k=1}^M B_{j,s}^k \big|_{\mathrm{fut}}$ 分别为第 s 次循环下第 j 年的第 k 个水库的年效益值和梯级水库系统总效益，二者可简化记作 $B_{j,s}^{std} \big|_{\mathrm{fut}}$；记号 $\big|_{\mathrm{fut}}$ 表示未来气候变化情景下的径流模拟结果作为历史调度规则的输入。

对于梯级水库系统和其中的每个水库而言，年效益分类的计算结果指出了各次随机模拟循环下每个年效益所蕴含的水文年类型。本书将属于同一个分类结果的年效益集合称为分类化年效益，据此确定相应的概率分布函数和风险预警阈值。并且，根据年效益分类的计算结果，采取相应的风险预警阈值，并进行失效预警时间的识别分析。

2.3.4 分类化年效益的概率分布函数

2.3.4.1 候选概率分布函数及其参数估计方法

关于水库调度年效益的概率分布函数，特别是发电效益的概率分布函数，目前尚未有统一的标准[165-167]。因此，本书选择四种常见的概率分布函数作为候选分布，包括：正态分布函数（Normal）、伽马分布函数（Gamma）、三参数的 Weibull 分布函数（Weibull-3）、Burr Ⅻ 分布函数（Burr Ⅻ）。其中，Normal、Gamma、Burr Ⅻ 分布的参数估计采用极大似然法，而对于 Weibull-3 分布，为了避免其参数估计的求解复杂性，采用改进极大似然法[168]进行估计。

2.3.4.2　拟合优度评价

采用 AIC（Akaike Information Criterion）[169]作为衡量各个候选概率分布函数拟合优度的评价指标，其计算表达式见式（2-17）。不同于常见研究[170, 171]中直接通过 AIC 最小值确定出最佳概率分布函数，本书研究案例需要寻找一个适用于不同研究对象（梯级水库系统及其中各个水库）、不同分类化年效益数据的概率分布函数，因此，需要利用多目标决策方法对 AIC 指标进行比选。因此，本书以 AIC 为评价指标、通过模糊优选决策模型[172]，筛选出最佳概率分布函数。该最佳概率分布函数是后续研究风险预警阈值的主要依据。模糊优选决策模型的基本原理与优势分析可见参考文献［172］，其核心是通过加权平均的相对隶属度最大值来确定最佳的概率分布函数。基于 AIC 评价指标和模糊优选决策模型，分析最佳概率分布函数的计算思路如下：

Step1：针对每一个研究对象（梯级水库系统、各个水库），计算每一种分类化年效益在各个候选概率分布函数下的 AIC 指标，并利用式（2-18）将其标准化，构成如式（2-19）所示的多目标决策的评价指标矩阵。表达式为：

$$AIC_{f,pm}^{std} = -2\ln(ML_{f,pm}^{std}) + 2df_{pm} \tag{2-17}$$

$$SC_{f,pm}^{std} = \frac{\max_{pm}(AIC_{f,pm}^{std}) - AIC_{f,pm}^{std}}{\max_{pm}(AIC_{f,pm}^{std}) - \min_{pm}(AIC_{f,pm}^{std})} \tag{2-18}$$

$$EMX^{std} = \begin{bmatrix} SC_{1,1}^{std} & \cdots & SC_{1,pm}^{std} & \cdots & SC_{1,PN}^{std} \\ \vdots & \ddots & \vdots & \ddots & \vdots \\ SC_{f,1}^{std} & \cdots & SC_{f,pm}^{std} & \cdots & SC_{f,PN}^{std} \\ \vdots & \ddots & \vdots & \ddots & \vdots \\ SC_{CN,1}^{std} & \cdots & SC_{CN,pm}^{std} & \cdots & SC_{CN,PN}^{std} \end{bmatrix} \tag{2-19}$$

式中：$AIC_{f,pm}^{std}$ 为研究对象 std 的第 f 种分类化年效益在候选概率分布函数类型为 pm 时的拟合优度评价指标，其中，下标 f 为量化符号 Ⅰ、Ⅱ、Ⅲ、Ⅳ，而下标 pm 包括 Normal（NM）、Gamma（GM）、Weibull-3（WB3）、Burr Ⅻ（BR），上标 std 包括溪洛渡（XLD）、向家坝（XJB）、三峡（TGR）、梯级系统（CAS）。例如：$AIC_{Ⅰ,NM}^{CAS}$ 表示梯级水库系统的 Ⅰ 类年效益在正态分布函数描述情形下的 AIC 计算结果。$ML_{f,pm}^{std}$ 为针对候选概率分布函数 pm 所估计参数的似然值；df_{pm} 为概率分布函数 pm 所对应的自由度大小。$SC_{f,pm}^{std}$ 为 $AIC_{f,pm}^{std}$ 的标准化结果，且越小的 AIC 指标对应于越大的标准化结果，即表明所描述的概率分布函数的拟合优度效果越好；$\max_{pm}(AIC_{f,pm}^{std})$ 和 $\min_{pm}(AIC_{f,pm}^{std})$ 分别为研究对象 std 的第 f 种分类化年效益在四个候选概率分布函数中的最大 AIC 计算值和最小 AIC 计算值。EMX^{std} 为针对研究对象 std 的多目标决策矩阵；CN 和 PN 分别为分类化年效益的总数和候选概率分布函数的总数，在本书中二者取值均为 4。

Step2：基于多目标决策矩阵 EMX^{std}，综合所有分类化年效益，计算每个候选概率分布函数对应的相对隶属度大小，表达式为：

$$u_{pm}^{std} = \left\{ 1 + \frac{\sum\limits_{f} \left[\sigma_f (1 - SC_{f,pm}^{std}) \right]^2}{\sum\limits_{f} \left[\sigma_f SC_{f,pm}^{std} \right]^2} \right\}^{-1} \tag{2-20}$$

式中：u_{pm}^{std} 为研究对象 std 利用候选概率分布函数 pm 描述所有分类化年效益时的拟合效果的相对隶属度值，其取值越大，越表明该概率分布函数能够描述研究对象的分类化年效益的分布。关于相对隶属度 u_{pm}^{std} 的计算细节可见参考文献 [172]。σ_f 为第 f 种分类化年效益的权重值，本书中每个研究对象的各种分类化年效益权重相同。

Step3：计算每一个候选概率分布函数在综合所有研究对象的拟合优度评价结果下的加权平均相对隶属度，将最大的加权平均相对隶属度所对应的概率分布函数作为最佳的概率分布函数，即：

$$u_{\max} = \max \left\{ \sum_{std} \varphi^{std} u_{NM}^{std}, \sum_{std} \varphi^{std} u_{GM}^{std}, \sum_{std} \varphi^{std} u_{WB3}^{std}, \sum_{std} \varphi^{std} u_{BR}^{std} \right\} \tag{2-21}$$

式中：$\sum\limits_{std} \varphi^{std} u_{pm}^{std}$ 为候选概率分布函数 pm 综合了所有研究对象的加权平均相对隶属度；φ^{std} 为研究对象 std 的权重，本书中所有研究对象（梯级水库系统、溪洛渡、向家坝、三峡）的重要性相同，且同时满足约束条件 $\sum\limits_{std} \varphi^{std} = 1$。

2.3.5 分类化的风险预警阈值的确定

本书基于风险理念 [142] 提出了水库调度效益失效的预警阈值——风险预警阈值（RWT）。RWT 代表最小可接受的年效益值，是衡量历史调度规则是否失效的重要指标。考虑到径流丰枯条件直接影响水库调度获取效益能力，故 RWT 的大小应随水文条件的不同而不同。换言之，RWT 需反映出分类化的思想，即：首先，由第 2.3.3 节确定出不同分类化年效益结果，经第 2.3.4 节方法筛选出最佳概率分布函数；然后，给定某一可接受风险水平 β，利用式（2-22）进行逆运算，确定出每种分类化年效益所对应的 RWT。最后，针对未来时期的某一年，根据该年水文条件所产生的年效益分类结果，将对应分类的 RWT 作为衡量历史调度规则在当年是否存在失效的标准。

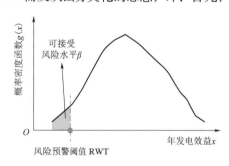

图 2-4　确定风险预警阈值的理论示意图

RWT 与可接受风险水平 β、概率分布函数之间的关系，如图 2-4 所示，数学公式如下：

$$\Pr\left(X \big|_f^{std} < RWT \big|_f^{std} \right) = \int_0^{RWT \big|_f^{std}} g\left(x \big|_f^{std} \right) \mathrm{d}x = \beta \tag{2-22}$$

式中：$\Pr(\cdot)$ 为概率运算符号；$X \big|_f^{std} < RWT \big|_f^{std}$ 为历史调度规则在该年的实际调度年效益值小于

RWT 所引起的失效事件；$g(x\big|_f^{std})$ 为筛选出的最佳概率分布函数，是针对研究对象 std 的第 f 种分类化年效益 $x\big|_f^{std}$ 的描述；β 为可接受风险水平，推荐取值范围为 [10%，20%]，本书中所有研究对象均取值为 10%；$RWT\big|_f^{std}$ 为分类化风险预警阈值，因研究对象 std 和年效益分类 f 而不同。

2.3.6　水库调度规则的失效预警时间识别

2.3.6.1　概率变点分析技术

概率变点分析技术具有两个基本前提假设：①数据相互独立；②数据对应所描述的事件发生次数服从二项分布。概率变点分析技术的基本原理是：设定某观察事件在开始时发生的概率稳定于 p_1，在某个未知时刻 τ 突变为 p_2，则称 τ 为概率变点。在本书中，变点的估计采用累次计数法进行求解计算与显著性检验，具体的计算原理与其检验方法可见参考文献 [173，174]。

在采用概率变点分析技术求解变点时，需要解释相关概念的实际应用意义，具体概念包括：分析的对象与事件、采用的阈值、研究时段和时间尺度、样本长度。鉴于概率变点分析技术常应用于汛期分期问题，因此，本书就概率变点分析技术中的有关概念，将汛期分期问题和历史调度规则的失效预警识别问题进行了类比，如表 2-2 所示。

表 2-2　概率变点分析技术主要概念解释

概率变点分析技术的概念名词	汛期分期	历史调度规则的失效预警时间识别
分析对象	洪水（流量）	历史调度规则（年效益）
分析事件	洪灾的发生	历史调度规则失效的发生
阈值	超定量取样	风险预警阈值（RWT）
研究阶段	汛期	未来时期
时间步长	日	年
单步长的样本大小	历史实测资料的总年数	径流随机模拟的总循环次数

2.3.6.2　失效预警时间的识别

本书所探究的水库历史调度规则的失效预警时间问题，其本质为：在整个未来气候变化情景下的长期阶段，失效预警时间（FWT）是历史调度规则发生效益失效的概率变点，在 FWT 到来之前的时段内，历史调度规则的失效概率较低，潜在的风险威胁较小，可用性较好；而 FWT 之后的阶段，历史调度规则的失效风险显著增加，需要采用适应性调度方案进行替代。流域管理者关注着整个梯级水库系统效益，而每个水库管理者更关心所控制水库产生的效益，但是梯级水库联合调度的效益却又与各个水库效益密切相关。因而，在梯级水库联合调度的情况下，可以分别从各个水库和梯级水库系统的角度来分析历史调度规则失效预警时间，以探究历史调度规则在整体效益失效预警与系统内部某一水库失效预警之间的关系。本书采用基于累次计数法 [173，174] 的概率变点分析技术识别历史调度规则的失效预警时间。对于任一研究对象（梯级水库系统、各个成员水库），均按照图 2-5 所示的计算流程步骤实施，具体步骤描述如下：

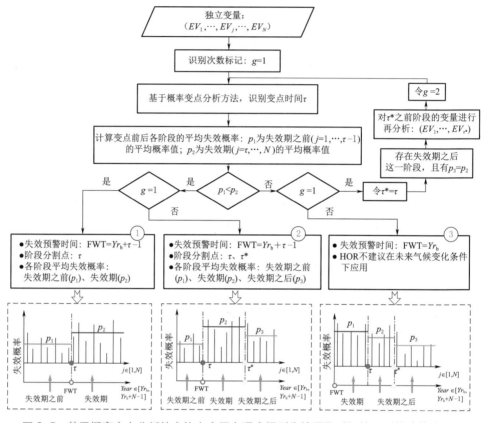

图 2-5　基于概率变点分析技术的水库历史调度规则失效预警时间的识别的计算流程图

　　Step1：设未来时段总共有 N 年，未来气候变化影响下历史调度规则在每年发生失效事件的次数为 EV_j（随着研究对象而不同），变量 EV_j 独立且服从二项分布；整个未来时期的失效事件序列为 $(EV_1,\cdots,EV_j,\cdots,EV_N)$；并标记识别次数为 $g=1$。EV_j 的数学表达式为：

$$EV_j = \sum_{s=1}^{L} \Lambda_{j,s} \tag{2-23}$$

式中：$\Lambda_{j,s}=\begin{cases}1, & B_{j,s}^{std}\big|_{fut}<RWT\big|_{CB_{j,s}^{std}} \\ 0, & otherwise\end{cases}$ 为二元函数，当实际年效益小于 RWT 时，失效事件发生，取值为 1，反之则取值为 0；L 为同一未来气候变化情景下径流随机模拟的总循环次数。

　　Step2：采用累次计数法分析历史调度规则的失效概率变点，并进行假设检验[173,174]，即可识别出失效预警时间。数学描述为：

$$\tau = \arg\ \max\left| N\times SEV_j - j\times SEV_N \right| \tag{2-24}$$

式中：τ 为历史调度规则在未来气候变化情景下发生失效的概率变点，取值范围为 $[1,N]$；SEV_j 为前 j 年中历史调度规则累计失效事件发生的次数，其计算式为：

$$SEV_j = \sum_{r=1}^{j} EV_r \quad j=1,2,\cdots,N \tag{2-25}$$

　　Step3：以识别出的变点 τ 为分界，整个未来时期可以划分为失效预警时间到来之前的阶段——失效期之前 $(1,2,\cdots,\tau-1)$ 与失效预警时间及之后的阶段——失效期

$(\tau, \tau+1, \cdots, N)$，针对这两个阶段，采用式（2-26）计算各自的平均失效概率：

$$p_v = \frac{1}{\zeta_v(\tau_v - \tau_{v-1})} \sum_{j=\tau_{v-1}}^{\tau_v-1} EV_j \quad v = 1, 2 \tag{2-26}$$

式中：p_v 为历史调度规则在阶段 v 的平均失效概率，其中，失效期之前和失效期分别对应于 $v=1$ 和 $v=2$；本书中，τ_0, τ_1, τ_2 分别为 $1, \tau, N+1$；ζ_v 为失效事件发生次数与不发生次数之和。

Step4：根据历史调度规则失效预警时间的本质释义，Step3 计算结果需满足 $p_1 < p_2$ 这一约束条件。因此，如果该约束条件能够得到满足，则 $FWT = Yr_b + \tau - 1$ 为历史调度规则在未来时期的失效预警时间点，其中的 Yr_b 为未来时期的起始年份。这种情形下，整个未来时期由 τ 划分为失效期之前与失效期两个阶段，对应的历史调度规则平均失效概率为 p_1 和 p_2。将这种经过一次识别分析就能确定失效预警时间的情况称为解决方案-1（solution-1，SL-1）。

Step5：如果 Step3 计算结果不能满足约束条件 $p_1 < p_2$，则需进行变点再分析的工作，即令 $\tau^* = \tau$，将从 τ^* 至 N 的阶段称为失效期之后（对应的平均失效概率为 $p_3 = p_2$），把 $(EV_1, \cdots, EV_j, \cdots, EV_{\tau^*})$ 作为再分析数据，将识别次数增加一次，标记为 $g = 2$，重复 Step2 ~ Step3，确定再分析数据序列中的新变点 τ，并计算时段 1 至 $\tau-1$ 和时段 τ 至 τ^* 所对应的平均失效概率 p_1 和 p_2。

Step6：若 Step5 的计算结果能够满足约束要求 $p_1 < p_2$，则整个未来时期可以通过变点 τ 和 τ^* 划分为失效期之前、失效期、失效期之后三个阶段，相应的平均失效概率为 p_1、p_2、p_3。而历史调度规则在未来时期的失效预警时间点为 $FWT = Yr_b + \tau - 1$。将这种经过两次识别分析确定出失效预警时间的情况称为解决方案-2（solution-2，SL-2）。

Step7：如果 Step5 的计算结果依然无法满足约束条件要求 $p_1 < p_2$，则意味着历史调度规则失效概率从时段 1 至 $\tau-1$、时段 τ 至 τ^*-1、时段 τ^* 至 N，依次递减。这说明历史调度规则的失效风险在未来最近阶段最高，即历史调度规则并不适合在未来气候变化影响下继续应用。故历史调度规则失效预警时间点为 $FWT = Yr_b$。将这种失效预警时间处于未来起始年份的情况称为解决方案-3（solution-3，SL-3）。

根据上述的分析步骤，FWT 的识别结果存在 SL-1、SL-2 和 SL-3 三种情况，根据历史调度规则在未来时期可用时间的长短，分别对应的评价为优等、中等、差三类。

2.4　结果与分析

2.4.1　四种气候情景分析

本书中，溪洛渡—向家坝—三峡梯级水库的研究案例选取了四个 GCM 作为未来气候变化情景，包括 Bnu-ESM、CanESM2、CSIRO-Mk3.6.0、IPSL-CM5A-LR。这四个气候变化情景相对于历史实测信息在多年平均降水变化率、多年平均气温变幅、多年平均径流变化率三个方面的分析如图 2-6 所示。采用多年平均值分析气候变化，有助于了解不同气候变化情景在水文气候特征上的整体变化特点。上述四个气候变化情景的分析,是针对溪洛渡、向家坝水库所在的金沙江流域和向家坝至三峡的区间流域展开的。由图 2-6 可知,所选取的四个气候变化情景是完全不同的,它们反映了溪洛渡—向家坝—三峡梯级水库联合调度时可能面临的上游来水与区间来水的四种完全不同情况。具体而言,CSIRO-Mk3.6.0、CanESM2 分别反映了溪洛渡—向家坝—三峡梯级水库系统的上游来水与区间来水同时减少、同时增加的情况;而 Bnu-ESM 和 IPSL-CM5A-LR 分别反映了溪洛渡—向家坝—三峡梯级水库系统的上游来水与区间来水变化相反的特点,其中,Bnu-ESM 预测了金沙江流域径流增加而向家坝至三峡的区间流域径流减少,IPSL-CM5A-LR 的预测却与之相反。就梯级水库的整体径流条件的变化情况而言,四个气候变化情景下径流条件由枯至丰的排序为:CSIRO-Mk3.6.0、Bnu-ESM、IPSL-CM5A-LR、CanESM2。

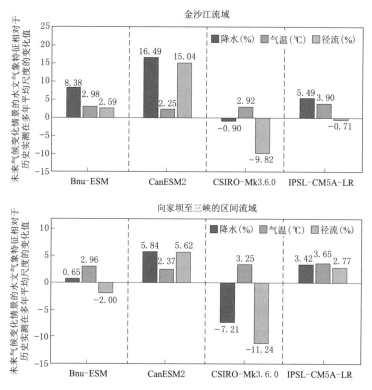

图 2-6　金沙江流域和向家坝至三峡的区间流域分别在四种气候变化情景
的水文气象特征变化分析

将上述四个 GCM 的预测径流序列作为基准数据,根据第 2.3.2 节的多元 Copula 方法进行了径流随机模拟。比较分析每个气候变化情景下随机模拟的径流结果与作为基准数据的 GCM 预测径流序列,二者在特征参数(径流均值、径流标准差 S_d、径流偏态系数 C_s)的箱型图如图 2-7 所示。由图 2-7 可知,各个气候变化情景下所有随机模拟径流的特征参数结果均落在箱型图的合理范围内,与基准数据的特征参数相近,即表明该随机模拟的径流结果可用来代表基准数据所反映的未来气候变化情景。

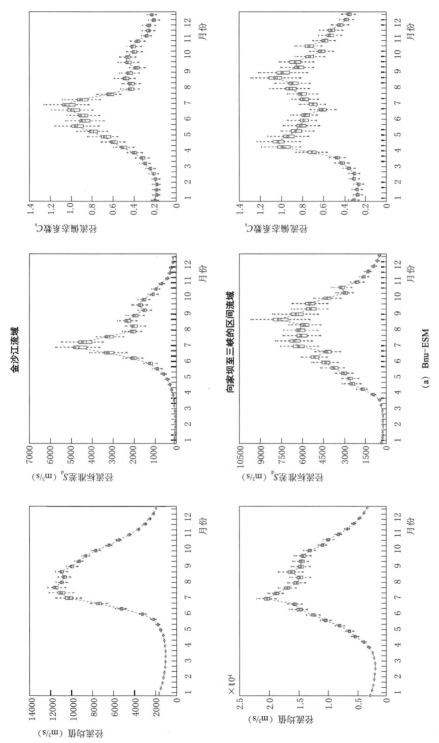

图 2-7　金沙江流域和向家坝至三峡的区间流域的径流随机模拟结果的特征参数箱型图（一）

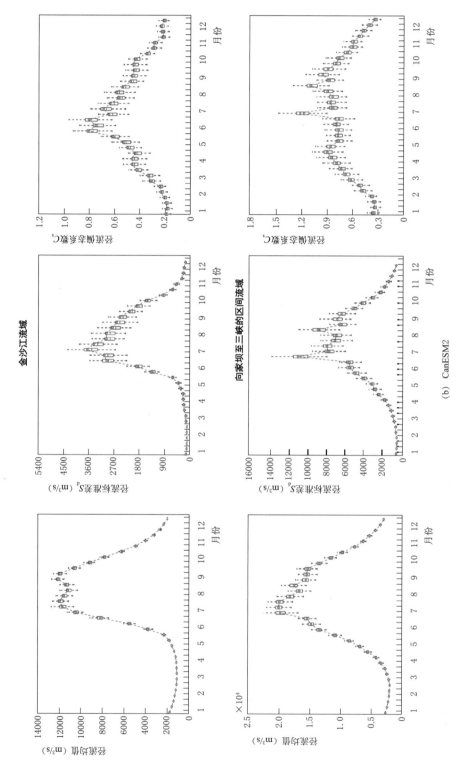

金沙江流域

向家坝至三峡的区间流域

(b) CanESM2

图 2-7　金沙江流域和向家坝至三峡的区间流域的径流机随机模拟结果的特征参数箱型图（二）

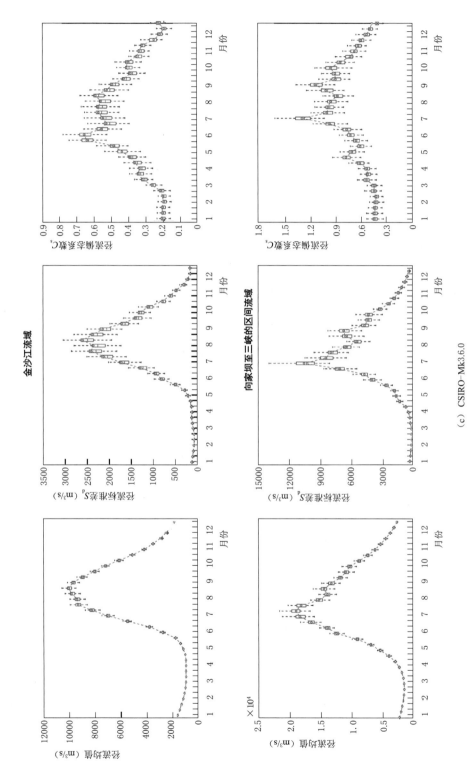

(c) CSIRO-Mk3.6.0

图 2-7 金沙江流域和向家坝至三峡的区间流域的径流域随机模拟结果的特征参数箱型图（三）

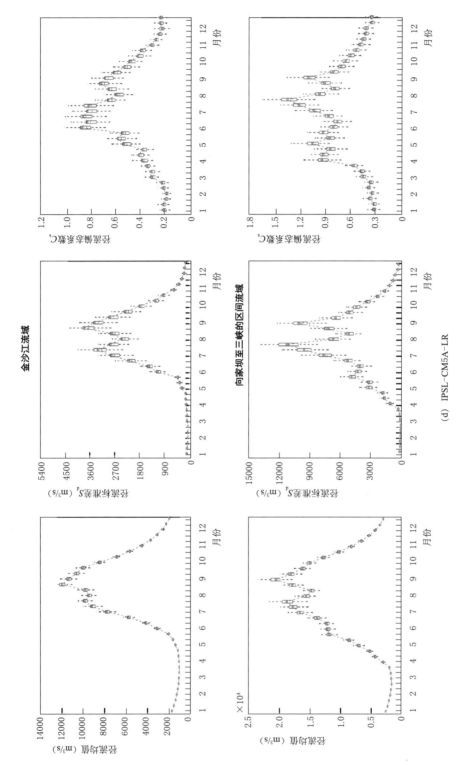

图 2-7　金沙江流域和向家坝至三峡的区间流域的径流随机模拟结果的特征参数箱型图（四）

（d）IPSL-CM5A-LR

2.4.2　最合适的水库调度年效益的概率分布函数

本书以 Normal、Gamma、Weibull-3、Burr XII 四种概率分布函数作为候选分布，在 Bnu-ESM、CanESM2、CSIRO-Mk3.6.0、IPSL-CM5A-LR 四种气候变化情景下，对梯级水库系统、溪洛渡、向家坝、三峡四个研究对象的四种分类化发电量进行了概率分布函数拟合。通过 AIC 指标和基于模糊优选决策模型的多目标决策技术，确定出适用于水库调度年效益的概率分布函数的描述形式，该描述形式能够适用于所有气候变化情景、所有研究对象，是不受效益分类限制的、通用可行的。加权平均的相对隶属度结果如图 2-8（a）所示，由图可知，正态分布函数（Normal）可以作为所选取研究案例所通用的水库调度年效益的概率分布函数。此外，图 2-8（b）展示了四个未来气候变化情景下每个研究对象在综合反映四种分类化年效益的相对隶属度值。由此图可以看出，对于梯级水库系统、溪洛渡水库、三峡水库而言，Normal 是描述年发电效益分布的最好选择；对于向家坝水

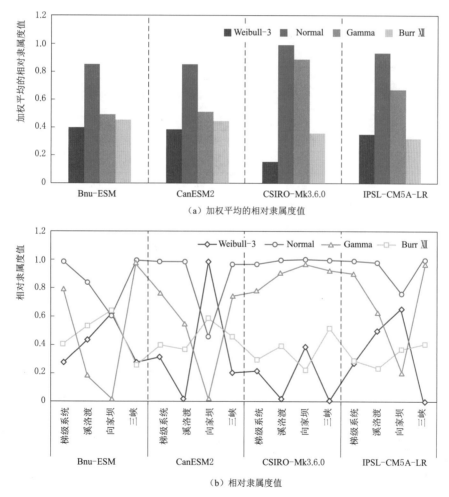

（a）加权平均的相对隶属度值

（b）相对隶属度值

图 2-8　水库调度年效益的分布函数最优选择结果

库而言，仅在 CSIRO-Mk3.6.0 和 IPSL-CM5A-LR 两种情景下，Normal 是最好的选择。但是，相比于溪洛渡水库和三峡水库，向家坝水库调度效益的概率分布函数的选择会受到气候变化情景的差异影响。这也反映出：在梯级水库联合调度的前提下，相较于具有较大库容的溪洛渡水库和三峡水库，库容较小的向家坝水库对气候变化的适应能力相对不足。该结论与 Ehsani 等[175] 的研究发现相一致。

以正态分布作为描述年效益的概率分布函数，计算得到的参数结果如表 2-3 所示，其中 θ_1 和 θ_2 分别表示年效益的均值与标准差。由表 2-3 可知，对于每个气候变化情景下的各个研究对象，年效益均值 θ_1 均由 Ⅰ 类向Ⅳ类递减，即：随着年径流条件的由丰到枯，年调度效益均值参数逐步减小。这一结果反映了第 2.3.3 节中基于水文年类型的水库调度年效益分类结果的合理性。此外，对于同一个研究对象的同一种分类化年效益的均值参数 θ_1，在不同气候变化情景下的大小排序与前述图 2-6 所示的各情景下径流情况一致。由表 2-3 还可以看出，对于每个气候变化情景下的每个研究对象，年效益标准差 θ_2 在 Ⅰ 类和Ⅳ类中较大，这可能是由极端径流产生的年效益会被划分在其中而引起的。

表 2-3　四种气候变化情景下梯级水库系统、溪洛渡、向家坝、三峡水库的
分类化年效益的正态分布参数结果

研究对象	类型	Bnu-ESM		CanESM2		CSIRO-Mk3.6.0		IPSL-CM5A-LR	
		θ_1	θ_2	θ_1	θ_2	θ_1	θ_2	θ_1	θ_2
梯级水库系统	Ⅰ	1 777.19	49.37	1 885.84	43.40	1 647.17	47.97	1 788.32	50.67
	Ⅱ	1 739.61	48.59	1 854.86	43.92	1 607.22	46.73	1 749.88	49.78
	Ⅲ	1 714.47	47.05	1 832.38	42.43	1 585.35	45.95	1 720.09	48.44
	Ⅳ	1 669.37	51.89	1 791.82	46.99	1 541.87	49.62	1 674.60	54.19
溪洛渡	Ⅰ	597.78	16.33	634.74	13.17	567.95	14.63	593.09	16.76
	Ⅱ	590.42	15.76	630.19	12.77	559.41	13.84	585.66	16.19
	Ⅲ	583.38	15.94	625.84	12.94	554.29	13.93	578.88	16.30
	Ⅳ	570.58	17.47	614.70	13.87	542.47	14.72	564.62	17.75
向家坝	Ⅰ	305.01	8.24	324.14	6.44	292.65	7.54	304.65	8.53
	Ⅱ	301.68	7.96	322.06	6.21	288.70	7.07	301.43	8.26
	Ⅲ	298.46	8.06	320.31	6.34	286.27	7.10	297.93	8.31
	Ⅳ	292.20	8.91	314.87	6.86	280.97	7.58	291.38	9.20
三峡	Ⅰ	875.03	35.40	927.43	33.79	787.68	35.45	891.30	36.27
	Ⅱ	853.69	33.44	907.71	32.72	764.64	33.23	869.12	35.26
	Ⅲ	834.23	32.83	890.05	32.92	743.44	33.65	847.17	35.37
	Ⅳ	803.47	35.79	858.01	34.59	716.07	35.83	815.94	37.66

注：表中的参数 θ_1 和 θ_2 的单位为亿 kW·h。

2.4.3　风险预警阈值结果

根据表 2-3 计算的正态分布参数结果和式（2-22）定义的风险预警阈值（RWT）的

计算方法，可以得出：在 Bnu-ESM、CanESM2、CSIRO-Mk3.6.0、IPSL-CM5A-LR 每一种气候变化情景下，对于梯级水库系统、溪洛渡水库、向家坝水库、三峡水库每一个研究对象，四种气候变化情景下分类化的风险预警阈值（RWT）结果如表 2-4 所示。由表 2-4可知：①对于每个气候变化情景下的各研究对象，RWT 由 I 类向 IV 类递减，即风险预警阈值随着年径流条件的由丰到枯而逐渐变小；②针对同一个研究对象的同一种水文年类型，RWT 随着气候变化情景的预测来水减少而变小，其中，溪洛渡水库和向家坝水库的RWT 主要取决于金沙江流域在气候变化情景下的径流变化情况，而三峡水库和梯级水库系统的 RWT 主要取决于整个流域在气候变化情景下的径流变化情况。上述结果也进一步表明了：用于判别历史调度规则是否失效的标准，需要考虑气候变化背景和年径流条件，不能采用"一刀切"的方式来直接分析是否发生历史调度规则失效。并且，RWT 随气候变化情景和年水文条件的变枯而降低这一发现，也说明了第 2.3.3 节中基于水文年类型的水库调度年效益分类结果的合理性。

尽管在梯级水库联合调度下，梯级水库系统的总效益是溪洛渡、向家坝、三峡水库效益之和，但是由表 2-4 可以看出，在同一个气候变化情景下，溪洛渡、向家坝、三峡在同一水文年类型上的 RWT 之和，小于梯级水库系统的 RWT。这是因为单个水库的 RWT仅仅考虑了在梯级水库联合调度影响下的本水库自身的失效风险可能性，而梯级水库系统的 RWT 却反映的是该系统中至少有一个水库面临失效风险的威胁。

表 2-4　四种气候变化情景下分类化的风险预警阈值（RWT）结果

研究对象	类型	Bnu-ESM	CanESM2	CSIRO-Mk3.6.0	IPSL-CM5A-LR
梯级水库系统	I	1 713.91	1 830.22	1 585.69	1 723.38
	II	1 677.33	1 798.57	1 547.33	1 686.07
	III	1 654.17	1 778.01	1 526.46	1 658.01
	IV	1 602.87	1 731.61	1 478.27	1 605.15
溪洛渡	I	576.85	617.87	549.20	571.61
	II	570.22	613.86	541.68	564.91
	III	562.96	609.25	536.44	557.99
	IV	548.19	596.93	523.61	541.87
向家坝	I	294.45	315.88	282.99	293.72
	II	291.48	314.10	279.65	290.84
	III	288.13	312.19	277.18	287.28
	IV	280.78	306.07	271.25	279.59
三峡	I	829.67	884.12	742.25	844.81
	II	810.84	865.78	722.05	823.93
	III	792.15	847.86	700.32	801.84
	IV	757.61	813.67	670.15	767.68

注：表中 RWT 结果的单位为亿 kW·h。

综上可知：对于梯级水库系统、溪洛渡、向家坝、三峡这四大研究对象，各自的风险预警阈值均随着年径流条件的变枯、未来气候条件的来水减少而变小。

2.4.4 失效预警时间分析

根据第2.3.6节失效预警时间识别分析框架，可以确定出历史调度规则在未来时期在梯级水库系统效益和各个水库效益所反映出的失效预警时间（FWT）。由于概率变点分析技术假定了数据的独立性和服从二项分布，故采用一阶自相关系数（AC）来检验数据的独立性，采用 χ^2 检验方法来评价历史调度规则失效事件是否满足二项分布，四种未来气候变化情景下的失效预警时间（FWT）与假设检验结果如表2-5所示。表中的独立性检验和二项分布检验针对失效期之前、失效期、失效期之后三个阶段展开，且 χ^2 检验的允许值为 $\chi^2_{0.95}(4) = 9.488$。由表可知，各时段的数据独立性良好，且历史调度规则失效事件符合二项分布。

表 2-5 四种未来气候变化情景下的失效预警时间（FWT）与假设检验结果

情景	研究对象	类型	FWT	失效期之前		失效期		失效期之后	
				AC	χ^2	AC	χ^2	AC	χ^2
Bnu-ESM	梯级系统	SL-1	2 058	0.016	1.580	-0.010	5.455	—	—
	溪洛渡	SL-1	2 067	-0.009	2.481	-0.024	0.461	—	—
	向家坝	SL-1	2 074	-0.012	2.465	0.002	0.455	—	—
	三峡	SL-1	2 058	-0.017	2.229	-0.014	4.798	—	—
CanESM2	梯级系统	SL-1	2 065	0.010	2.735	-0.012	4.535	—	—
	溪洛渡	SL-1	2 065	0.001	4.186	0.002	5.849	—	—
	向家坝	SL-1	2 065	0.003	5.350	0.011	3.194	—	—
	三峡	SL-1	2 087	-0.006	5.706	-0.019	3.106	—	—
CSIRO-Mk3.6.0	梯级系统	SL-2	2 039(2 047)	-0.001	1.747	-0.010	5.969	-0.002	3.822
	溪洛渡	SL-2	2 042(2 056)	0.001	6.305	0.026	7.946	0.008	3.752
	向家坝	SL-2	2 024(2 048)	0.025	1.646	0.011	1.023	0.007	6.895
	三峡	SL-1	2 059	-0.011	1.326	0.002	3.496	—	—
IPSL-CM5A-LR	梯级系统	SL-1	2 036	0.006	2.504	0.003	4.898	—	—
	溪洛渡	SL-2	2 036 (2 062)	-0.003	6.969	0.001	2.677	0.009	2.389
	向家坝	SL-2	2 035 (2 063)	-0.012	1.754	0.001	0.652	0.013	3.018
	三峡	SL-1	2 044	0.014	3.114	0.015	1.155	—	—

注：（1）表中 FWT 结果中的"（）"部分为 SL-2 类型中的失效期与失效期之后的分割点；

（2）当表中的" χ^2 计算值小于 $\chi^2_{0.95}(4) = 9.488$ "时，则认为数据服从二项分布；

（3）AC 为一阶自相关系数，用于检验数据的独立性。

表2-5也指出了四种未来气候变化情景下梯级水库系统、溪洛渡、向家坝、三峡的FWT。由FWT的识别结果可知，在未来的何种气候变化情景下，无论是在梯级水库系统效益还是在各个成员水库效益方面，历史调度规则被适应调度方案替代的时间点在历史时期结束（2012年起）的至少10年之后，并因气候变化情景的不同而不同。这侧面反映出气候变化对水库调度规则的影响是长远期的。此外，由表2-5还可以看出：三峡水库的FWT均为SL-1方式；而溪洛渡水库和向家坝水库会在径流不利条件下（即

CSIRO-Mk3.6.0 和 IPSL-CM5A-LR）以 SL-2 的方式确定出 FWT；对整个梯级水库系统而言，只有当金沙江流域和向家坝至三峡的区间流域，同时出现径流减少时（即 CSIRO-Mk3.6.0），FWT 会以 SL-2 的方式呈现。

根据第 2.2.3 节所编制的历史调度规则（HOR），可以分析梯级水库系统的失效预警时间与各个成员水库的失效预警时间的关系，即：当梯级水库联合调度的 HOR 在某一成员水库的效益上先达到失效的情况下，这种失效响应是否会立即传递至整个梯级水库系统的效益表现中。由表 2-5 可以看出：①当仅三峡水库率先达到 FWT，或者金沙江流域的两个水库同时率先达到 FWT，则梯级水库系统会做出及时的失效响应，这可由 Bnu-ESM 和 CanESM2 两个情景体现；②当仅向家坝水库率先达到 FWT，则梯级水库系统的失效响应会滞后，这可以从 CSIRO-Mk3.6.0 和 IPSL-CM5A-LR 两个情景中看出。因此，结合表 2-1 中各水库的特征参数可以推断出，当 HOR 在梯级系统中某一成员水库的效益表现上最早达到了 FWT 的情况下，若该成员水库具有的调蓄能力越大、发电效益占比越高，则梯级水库系统的失效响应会越迅速。

图 2-9 展示了不同气候变化情景下的梯级水库系统及其成员水库在各个失效阶段的平均失效概率结果。由图可知：①历史调度规则发生失效事件的概率在未来时期的每一年都是不为 0 的，而失效期是历史调度规则失效事件发生频率最高的阶段。这不同于汛期分期问题中主汛期是洪灾集中的时段，而汛前和汛后几乎很少发生洪灾[153, 176]。失效预警时间的识别问题与汛期分期的问题，在结果上呈现不同特征的主要原因是：前者采用了分类

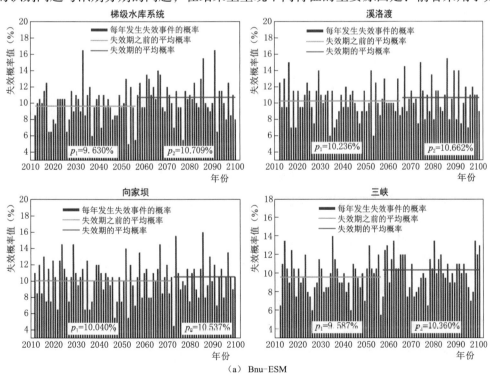

(a) Bnu-ESM

图 2-9　四种气候变化情景下梯级水库系统及其成员水库在各失效阶段的
平均失效概率分析结果（一）

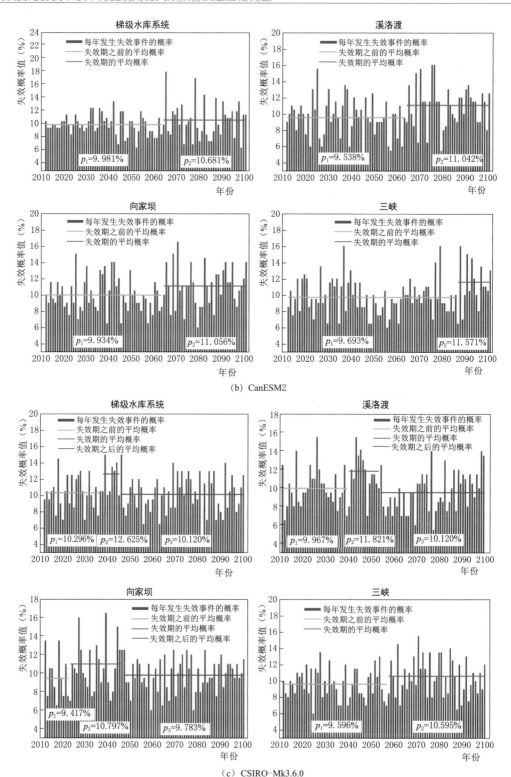

图 2-9　四种气候变化情景下梯级水库系统及其成员水库在各失效阶段的
平均失效概率分析结果（二）

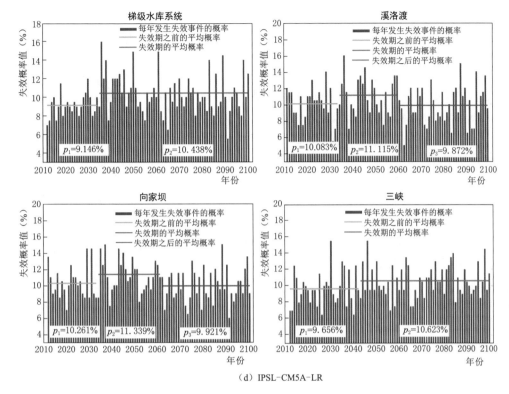

（d）IPSL-CM5A-LR

图 2-9　四种气候变化情景下梯级水库系统及其成员水库在各失效阶段的
平均失效概率分析结果（三）

化年效益作为判别是否会发生失效的阈值，而后者采用了统一的超定量取样作为分析是否会产生洪灾的阈值。②对于 SL-2 情形下的三个失效阶段，尽管会存在失效期之后的平均失效概率比失效期之前小的情况（如在 IPSL-CM5A-LR 情景下的溪洛渡和向家坝），但是依然建议 HOR 在 FWT 到来之前被新的适应性调度规则所取代。原因在于：HOR 在未来近几十年的频繁失效表现会大大降低该规则在未来长期的应用价值。这一点的本质理解与 Kwadijk[129] 和 Haasnoot[146] 所述的"适应性临界点 ATP"的研究结论类似。

2.5　总结

本章针对梯级水库系统在未来气候变化影响下的失效预警问题，采用了与"适应性临界点 ATP"相近的研究思想，提出了适用于以社会经济效益为主导的水库历史调度规则的失效预警分析方法。具体来说，首先通过基于多元 Copula 的径流随机模拟方法和历史调度规则模拟计算，丰富了同一气候变化情景下的水库调度年效益样本；然后利用水文年类型信息对水库调度年效益进行了四种分类，并对每一个分类化的年效益进行四种候选概率分布函数的估计。通过 AIC 指标和基于模糊优选决策模型，确定出适用于所有气候变化情景、所有研究对象、所有分类化年效益的概率分布函数；进而，根据分类化调度效益的概率分布函数和决策者给定的可接受风险水平，确定出分类化的风险预警阈值；最后，利用概率变点分析技术识别出历史调度规则的失效预警时间点，即新旧水库调度规则在未来气候变化情景下发生变更的最晚时间点。本书以溪洛渡—向家坝—三峡水库以及梯级水库系统为研究区域，以 Bnu-ESM、CanESM2、CSIRO-Mk3.6.0、IPSL-CM5A-LR 四种完全不同的气候变化情景作为未来环境条件。通过分析所选取的四种气候变化情景的特征、比较候选概率分布函数的多目标决策结果、评价四种气候变化情景下的梯级水库系统及其成员水库的风险预警阈值和失效预警时间，得到了如下主要结论：

1）正态分布函数是描述水库调度效益的最佳概率分布函数，它能够适用于不同的气候变化情景、不同的年水文条件、不同的研究对象（梯级水库系统、各个成员水库）。

2）无论是梯级水库系统还是各成员水库，它们的风险预警阈值均会随着年径流条件变枯、未来气候环境的预测来水减少而变小，而随着年径流条件与气候环境的改善而变大。

3）在四种未来气候变化情景下，无论是在梯级水库系统效益还是在各个成员水库效益方面，新旧调度规则变更的时间点均位于历史时期结束（2012 年起）的至少 10 年以后。这表明了气候变化对水库调度规则的影响是长远期的。

4）当历史调度规则在梯级水库系统中某一成员水库的效益表现上最早达到了失效预警时间的情况下，该成员水库具有的调蓄能力越大、发电效益占比越高，梯级水库系统的失效响应会越迅速。

第 3 章　耦合多种 GCM 的水库
适应性调度规则

3.1　引言

气候变化改变了全球和区域范围内的水文气象条件，打破了原有的一致性条件，给水资源管理带来了极大的挑战[177]。由于具备良好的水资源调配能力，水库在应对气候变化可能带来的不利影响中发挥着重要作用[145, 178]。依据历史径流条件所制定的传统水库调度策略，很难适应于未来不确定的气候变化环境。因此，为了能够有效应对气候变化带来的潜在效益损失与运行风险，目前大量研究提出了水库适应性调度规则（Adaptation Operating Rules，AOR）[149, 179]。

未来气候变化预测的主流方式是 GCM，它能够给出截至 21 世纪末的气象要素预测结果（如降水和气温）。因为考虑的经济社会发展水平、预估的温室气体排放量、提出的研究机构等各有不同，针对同一区域在未来同一时间段，不同 GCM 的气象预测结果是不相同的。这在一定程度上反映了未来气候变化的不确定性。

目前，依据 GCM 预测结果进行水库适应性调度的主要研究方式分为两种：①分散式。具体来说是，根据区域地理特点和经济社会发展规划，选择 3~5 个 GCM 分别作为未来气候变化的潜在情景，然后将每一个气候变化情景经过误差校正和降尺度之后的预测结果输入至水文模型进行径流预测，再通过水库优化调度模型提取出水库适应性调度规则[180-186]；②集中式。具体来说是将多种 GCM 作为气候变化的系列潜在情景，然后考虑各情景的权重组合方式，从而制定耦合多种 GCM 的水库适应性调度规则[132, 151, 187, 188]。就第一种研究方式而言，尽管所制定的水库适应性调度规则在给定的未来气候变化情景下行之有效，但由于气候变化本身难以准确预测，少数 GCM 是不能完全覆盖未来气候变化的，因而，这种研究方式的有效性和拓展应用能力存在着较大的局限。相比于第一种研究方式，第二种研究方式更有利于提取适用广泛、稳健性较强的水库适应性调度规则。关于第二种研究方式，存在两个较为关注的具体问题：①多个未来气候变化情景的权重应该如何分配，即等权重与不等权重的选择[189, 190]；②多个未来气候变化情景应该在何处进行耦合处理，即水文气象预测模型[132, 188]与水库调度模型[149, 151]的选择。然而，目前大多往往只侧重分析了其中一个方面，并没有针对未来气候变化情景的权重分配方式和耦合位置对水库适应性调度规则的共同影响进行深入的探讨。

因此，本书主要根据水文气象领域常用的等权重方法（Equal Weights，EW）和基于可靠性综合平均系数的不等权重方法（Unequal weights based on the Reliability Ensemble Average，REA；后文简化称之为基于 REA 的不等权重方法）这两种权重分配方式，结合水文模型和水库调度模型两种气候变化情景的耦合位置，深入分析了如何合理耦合多种GCM来提取水库适应性调度规则。

3.2 研究区域描述

3.2.1 锦屏一级水库

锦屏一级水库位于雅砻江大河湾干流河段上（如图 3-1 所示）。坝址以上控制的流域面积为 102 560km²，多年平均入库径流量为 $4×10^{10}$ m³/a。锦屏一级水库的死水位为 1 800m，相应的死库容为 $28.5×10^8$ m³；正常蓄水位为 1 880m，正常蓄水位以下的库容为 $77.65×10^8$ m³，调节库容为 $49.10×10^8$ m³。汛期（7—8 月）的汛限水位保持在 1 859m，有利于减少下游流域的洪灾风险。锦屏一级水库是一座年调节水库，以发电为主，兼顾防洪、拦沙等功能，电站有 6 台 600MW 的发电机组，总装机容量为 3 600MW。锦屏一级水库的最大出库流量为 15 400m³/s，最大允许发电流量为 2 024m³/s。

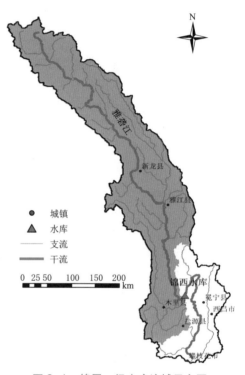

图 3-1　锦屏一级水库流域示意图

3.2.2 研究数据

选取 1953—2003 年的历史实测数据（气温、降水、径流），研究的时间步长为月尺度。选择 2023—2073 年作为未来时期，降水、气温、潜在蒸散发资料源于 CMIP5 提供的针对 RCP4.5 排放情景下的 10 种 GCM 模拟的误差校正与空间降尺度[191]之后的数据结果。这 10 种 GCM 具体包括：ACCESS1.0、CANESM2、CESM1-CAM5、CSIRO-Mk3.6.0、GFDL-ESM2M、GISS-E2-R、HADGEM2-AO、IPSL-CM5A-LR、MIROC5、MPI- ESM - LR。每一个 GCM 代表一种未来气候变化情景，简化记作：情景 S1，S2，…，S10。

根据将 GCM 经降尺度处理后的降水、气温、潜在蒸散发结果，通过两参数月水量平衡模型[155]预测未来时期的径流。水文模型的检验和率定以历史实测径流资料为依据，其中，率定期和检验期分别为 1953—1988 年、1989—2003 年；水文模型的模拟效果将通过纳什效率系数和相对误差（Relative Error，RE）两个指标进行评价。计算结果为：率定期的 NSE 为 92.25%、RE 为-0.63%，检验期的 NSE 为 92.03%、RE 为 2.04%。这表明由历史实测资料率定的水文模型参数可用于预测未来径流。

3.3　研究方法

3.3.1　技术框架概述

基于两种权重分配方式和两个耦合位置，提取水库适应性调度规则的技术框架如图 3-2 所示。等权重 EW 和基于 REA 的不等权重两种分配方式，被应用在如下两个位置：①水库优化调度的目标函数，即以多气候变化情景的加权平均发电量最大化为目标函数，据此来提取适应性调度规则，这种研究方式常常被关注适应性管理的研究群体所采用[192]；②水文模型，即利用权重对多情景的降水和气温特征进行加权平均，形成一个合成情景，然后通过水文模型得到合成径流，输入到以多年平均发电量最大化为目标的水库优化调度模型，从而获取适应性调度规则，这种将权重用于水文模型输入侧的方式常常被关注气候变化特征分析的研究群体所采用[190]。根据两种权重分配方式和两个情景耦合位置，通过参数化-模拟-优化方法[21, 193]，提取得到四种适应性调度规则：EW-AOR（Ⅰ）、REA-AOR（Ⅰ）、EW-AOR（Ⅱ）、REA-AOR（Ⅱ）。

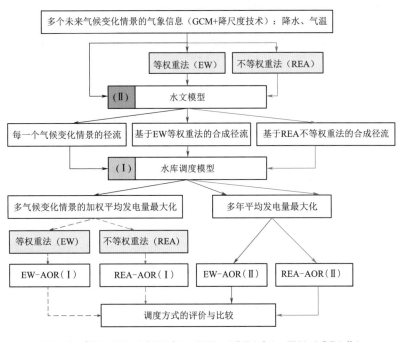

图 3-2　提取 EW-AOR（Ⅰ）、REA-AOR（Ⅰ）、EW-AOR（Ⅱ）、REA-AOR（Ⅱ）技术框架

3.3.2　两种常见的气候变化情景的权重分配方式

3.3.2.1　等权重法

基于不同 GCM 的未来气候变化情景，给出的预测结果通常是不一样的，无法判定哪

种预测更为可靠，故将等权重分配作为一种权衡多情景的解决方法。等权重法中的情景权重大小取决于未来气候变化情景的数量，与未来气候变化情景的预测能力以及其对水文的影响无关。这一权重分配方式常被关注气候变化特征分析的研究群体所采用[192]。数学描述如下：

$$\omega_k = \frac{1}{S} \tag{3-1}$$

式中：ω_k 为第 k 个未来气候变化情景根据等权重法计算的权重值；S 为未来气候变化情景总数。

3.3.2.2 基于 REA 的不等权重法

关注气候变化特征分析的研究群体中还有一部分人认为：不同 GCM 的模拟与预测能力决定了其所代表的描述未来气候变化情景的重要程度，不同 GCM 应该是不一样的。因此，Giorgi 和 Mearns[194] 提出了 REA 方法来评价 GCM 的预测可靠性，Chen[190] 进一步将这种可靠性作为气候变化情景的权重来分析不同权重分配方式对水文响应的影响。REA 方法分析了各 GCM 模拟气候变化的平均值、不确定性范围和可靠性水平。REA 方法不仅考虑了每个 GCM 在模拟历史气象条件（降水、气温）的能力，而且考虑了情景之间模拟变化的收敛性。REA 方法中的可靠性因子 RF_k 被定义为历史模拟和未来预测两个可靠性指标的乘积。

$$
\begin{aligned}
RF_k &= \left[(RF_{B,k})^m \times (RF_{D,k})^n \right]^{\left[1/(m \times n) \right]} \\
&= \left\{ \left[\frac{\varepsilon_v}{abs(B_{v,k})} \right]^m \times \left[\frac{\varepsilon_v}{abs(D_{v,k})} \right]^n \right\}^{\left[1/(m \times n) \right]}
\end{aligned} \tag{3-2}
$$

式中：RF_k 为第 k 个未来气候变化情景的可靠性因子，对于降水和气温，分别记作 $RF_k(Pre)$ 和 $RF_k(Temp)$；为了便于比较不同模型之间的可靠性，对 RF_k 的计算结果进行归一化处理，即 $\widetilde{RF_k} = RF_k \bigg/ \sum_{k=1}^{S} RF_k$；进而，对于降水和气温则分别有 $\widetilde{RF_k}(Pre)$ 和 $\widetilde{RF_k}(Temp)$。$RF_{B,k}$ 为衡量第 k 个未来气候变化情景可靠性的指标，它是模拟历史气象条件的模型偏差$(B_{v,k})$ 的函数；$RF_{D,k}$ 为衡量第 k 个未来气候变化情景可靠性的另一指标，它是根据该情景预测的变化与区域平均变化之间的距离$(D_{v,k})$ 而确定的；m 和 n 是区分两个可靠性指标重要程度的参数，在研究案例中分别设置为 3 和 2.5。距离$(D_{v,k})$ 通过迭代计算得到，具体步骤参见参考文献［194］。参数 ε_v 是用于描述自然气候变化的参数因子，通过计算实测的降水或气温的多年滑动平均值的最大值和最小值之间的差异而得到。当$(B_{v,k})$ 和$(D_{v,k})$ 小于参数 ε_v 时，$RF_{B,k}$ 和 $RF_{D,k}$ 分别设置为 1；换言之，如果第 k 个情景的偏差和与总体平均值的距离都在自然变化范围内，则认为它是可靠的。

因此，在基于 REA 的不等权重法中，每个气候变化情景的权重是降水和气温可靠性水平的平均值，数学描述如下：

$$\omega_k = \frac{1}{2} \left[\widetilde{RF_k}(Pre) + \widetilde{RF_k}(Temp) \right] \tag{3-3}$$

式中：$\widetilde{RF_k}(Pre)$ 和 $\widetilde{RF_k}(Temp)$ 分别为第 k 个未来气候变化情景在降水和气温上归一化的可靠性因子；ω_k 为第 k 个未来气候变化情景根据基于 REA 不等权重法计算得到的权重值，且满足条件 $\sum_{k=1}^{S} \omega_k = 1$。

3.3.3　情景耦合位置 I ——水库优化调度模型

将等权重法和基于 REA 的不等权重法的计算结果应用于水库优化调度模型的目标函数——多情景的加权平均发电量最大化，基于这一情景耦合位置而提取的适应性调度规则（AOR）简化记作 AOR（I）。考虑权重分配方式的不同，AOR（I）包括 EW-AOR（I）和 REA-AOR（I）。

3.3.3.1　目标函数

$$\text{Max} \quad E = \sum_{k=1}^{S} \omega_k E_k \tag{3-4}$$

式中：E 为多情景的加权平均发电量；ω_k 为第 k 个未来气候变化情景的权重值，对于 EW-AOR（I）和 REA-AOR（I），该权重值分别由等权重法和基于 REA 的不等权重法而确定；E_k 为第 k 个气候变化情景的多年平均发电量，其计算方式如下：

$$E_k = \frac{1}{M} \sum_{j=1}^{M} \sum_{i=1}^{N} P_{i,j,k} \Delta t_{i,j,k} \tag{3-5}$$

式中：$\Delta t_{i,j,k}$ 为时间步长的总天数；M 和 N 分别是未来时期的总年数、每年的时间步长总数（日尺度为 365，旬尺度为 36，月尺度为 12）；$P_{i,j,k}$ 为第 k 个未来气候变化情景下第 j 年中第 i 个时段的水库出力值，由如下公式计算而来：

$$P_{i,j,k} = \min(\eta R_{i,j,k} H_{i,j,k}, P_{\max}) \tag{3-6}$$

式中：$R_{i,j,k}$ 为第 k 个未来气候变化情景下第 j 年中第 i 个时段的水库出流；$H_{i,j,k}$ 为净水头值，是上游水库水位与下游尾水位的函数；$P_{\max}$ 为发电机组的最大出力值；η 为综合发电系数。

3.3.3.2　约束条件

水库调度约束条件包括水库水量平衡、水库库容约束、水库出流约束和水库出力约束。

（1）水库水量平衡

$$\begin{cases} V_{i+1,j,k} = V_{i,j,k} + (I_{i,j,k} - R_{i,j,k}) \Delta t_{i,j,k} \\ V_{1,j+1,k} = V_{N+1,j,k} \end{cases} \quad \forall i,j,k \tag{3-7}$$

式中：$V_{i,j,k}$ 和 $V_{i+1,j,k}$ 分别为第 k 个未来气候变化情景下第 j 年中第 i 个时段的始、末水库库容；$V_{1,j+1,k}$ 为第 k 个气候变化情景下第 $j+1$ 年的初始库容；$I_{i,j,k}$ 和 $R_{i,j,k}$ 分别为第 k 个未来气候变化情景下第 j 年中第 i 个时段的水库入流与水库出流。

（2）水库库容约束

$$V_{i,\min} \leqslant V_{i,j,k} \leqslant V_{i,\max} \quad \forall i,j,k \tag{3-8}$$

式中：$V_{i,\max}$ 和 $V_{i,\min}$ 分别为第 i 个时段的水库库容上限和下限。

（3）水库出流约束

$$R_{\min} \leq R_{i,j,k} \leq R_{\max} \quad \forall i,j,k \quad (3-9)$$

式中：$R_{\max}$ 和 $R_{\min}$ 分别为水库出流的上限和下限。

（4）水库出力约束

$$P_{\min} \leq P_{i,j,k} \leq P_{\max} \quad \forall i,j,k \quad (3-10)$$

式中：$P_{\max}$ 和 $P_{\min}$ 分别为水库出力的上限和下限。

3.3.3.3 水库调度规则的描述与提取

针对所研究的锦屏一级水库，采用线性调度函数作为水库调度规则，其数学描述如下：

$$\hat{R}_{i,j,k} = a_i(V_{i,j,k} + I_{i,j,k}\Delta t_{i,j,k}) + b_i \quad \forall i,j,k \quad (3-11)$$

式中：$\hat{R}_{i,j,k}$ 为基于调度规则计算的水库出流；$(V_{i,j,k} + I_{i,j,k}\Delta t_{i,j,k})$ 为第 k 个未来气候变化情景下第 j 年第 i 时段的水库可用水量；a_i 和 b_i 为调度规则的两个参数，仅随着调度时段 i 的变化而改变，即表明 AOR（Ⅰ）同时考虑了多个气候变化情景下水库调度特点，进而形成了 EW-AOR（Ⅰ）和 REA-AOR（Ⅰ）的适应性特征。

上述同时考虑多情景而提取调度规则的问题，面临着同一个变量存在多个输入与输出的现象，因此，采用参数化-模拟-优化方法作为提取水库调度规则的求解方法。该方法可以将调度规则参数作为优化变量，通过不断地迭代调整来直接优化性能指标，其中的参数优化将通过复形调优算法[195]实现。参数 a_i 和 b_i 的范围分别为 ［-50，150］和 ［-4 000，3 000］。根据不同的初始解进行参数优化，选择最优解作为调度规则的参数解集。

3.3.4 情景耦合位置Ⅱ——水文模型

利用等权重和基于 REA 的不等权重两种分配方式，对多个情景的降水和气温特征进行加权平均，形成一个由多情景平均降水与多情景平均气温构成的合成情景，然后将其作为水文模型的驱动来得到合成径流。将得到的合成径流作为以多年平均发电量最大化为目标函数的水库优化调度模型的输入，进而获取水库适应性调度规则。基于这一情景耦合位置而提取的适应性调度规则（AOR）简化记作 AOR（Ⅱ）。考虑权重分配方式的不同，AOR（Ⅱ）包括 EW-AOR（Ⅱ）和 REA-AOR（Ⅱ）。

3.3.4.1 基于多气候情景融合的径流预测

合成情景的降水、气温及其径流的数学描述如下：

$$Pre\_syn_{i,j} = \sum_{k=1}^{S} \omega_k Pre_{i,j,k} \quad (3-12)$$

$$Temp\_syn_{i,j} = \sum_{k=1}^{S} \omega_k Temp_{i,j,k} \quad (3-13)$$

$$I\_syn_{i,j} = f(Pre\_syn_{i,j}, Temp\_syn_{i,j}) \tag{3-14}$$

式中：$Pre\_syn_{i,j}$ 和 $Temp\_syn_{i,j}$ 分别为合成情景在第 j 年中第 i 个时段的降水与气温；ω_k 为第 k 个未来气候变化情景的权重值，在 EW-AOR（Ⅱ）和 REA-AOR（Ⅱ）中分别由等权重法和基于 REA 的不等权重法而确定；$Pre_{i,j,k}$ 和 $Temp_{i,j,k}$ 分别为第 k 个未来气候变化情景在第 j 年中第 i 个时段的降水与气温；$I\_syn_{i,j}$ 为合成情景的降水与气温基于水文模型的计算结果；$f(\cdot)$ 为水文模型所描述的径流与降水、气温之间的函数关系。本书采用两参数月水量平衡模型[155]进行径流预测。

3.3.4.2　水库调度规则

基于两种权重分配方式，通过式（3-12）~式（3-14）得到相应的合成径流序列。将合成径流序列作为水库优化调度模型的输入来提取水库调度规则，该水库优化调度模型的目标函数为多年平均发电量最大化，如式（3-15）所示，约束条件同第 3.3.3.2 节所述的内容。为了便于比较 AOR（Ⅰ）和 AOR（Ⅱ）的特征，AOR（Ⅱ）也采用式（3-12）所述的线性调度规则形式，也同样地利用耦合复形调优算法的参数化-模拟-优化方法来优化调度规则参数。值得注意的是，EW-AOR（Ⅱ）和 REA-AOR（Ⅱ）的参数本质上反映了合成径流驱动下的水库决策特征，而 EW-AOR（Ⅰ）和 REA-AOR（Ⅰ）的参数是涵盖了所有情景下水库综合决策特点的结果。

以多年平均发电量最大化为目标函数，其数学表达为：

$$\text{Max}\quad E\_syn = \frac{1}{M}\sum_{j=1}^{M}\sum_{i=1}^{N}P_{i,j}\Delta t_{i,j} \tag{3-15}$$

式中：E_syn 为基于合成径流而计算得到的多年平均发电量；其他变量的解释可参见第 3.3.3.1 节。

3.4　水库调度方式的比较基准

3.4.1　常规调度规则

常规调度规则（Conventional Operating Rules，COR）作为一种稳健且保守型的调度方式，是检验调度函数有效性的一种工具。COR 是利用径流调节和水能计算方法来确定满足水库既定任务的蓄泄过程。锦屏一级水库的常规调度规则以调度图来呈现，即根据当前时间和水库上游水位信息可以确定水库出力水平。水库出流的计算是基于出力计算的式（3-6）和水库水量平衡计算的式（3-7）迭代调整而来。基于调度图的常规调度规则，在设计时着重考虑了发电保证率这一要素，故常规调度规则的发电可靠性较强。锦屏一级水库的常规调度图，包含了如图 3-3 所示的 11 个出力区，其中调度步长为月尺度。为了评价 HOR 和四种适应性调度规则的有效性，COR 在历史径流条件和 10 种未来气候变化情景下进行了模拟调度。

3.4.2　历史调度规则

历史调度规则（HOR）以历史径流为依据，以历史多年平均发电量最大化为目标函

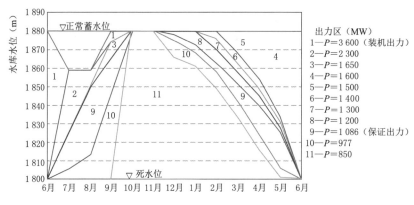

图 3-3　锦屏一级水库的常规调度图

数。其提取方法与 AOR（Ⅱ）相同。为了评估 HOR 在未来气候变化情景下的适应性表现，该调度规则在 10 种未来气候变化情景下进行模拟调度。HOR 作为比较基准，为评价 AOR（Ⅰ）和 AOR（Ⅱ）在不同气候条件下的表现提供了良好的参考。

3.5　结果与分析

3.5.1　未来气候变化情景分析

通过比较分析历史实测与未来预测的水文气象数据，锦屏一级水库控制流域在 10 种气候变化情景下总体特征如图 3-4 所示。由图可知：未来时期 10 种 GCM 所产生的水文气象结果各不相同，相比于历史时期，未来的多年平均降水可能增加 0.15% ~ 14.14%，多年平均气温可能上升 1.6~2.5℃，而径流会变化-3.48% ~ 15.52%。

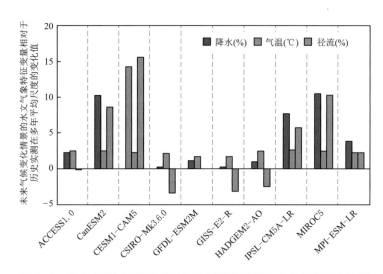

图 3-4　各个未来气候变化情景相比于历史时期的水文气象变化特征

3.5.2　两种分配方式下的情景权重

等权重法和基于 REA 的不等权重法的计算结果如图 3-5 所示。由图 3-5（a）可见，10 个未来气候变化情景在降水和气温方面的可靠性因子各不相同。就降水而言，S1、S4、S5、S6 四个气候变化情景的可靠性比其他气候变化情景更高；就气温而言，S1、S5、S6、S8、S10 五个气候变化情景的可靠性超过 0.10（即等权重计算的结果）。所有情景在降水方面的归一化可靠性因子均大于 0.09，在气温方面的归一化可靠性因子均大于 0.07。总体来说，不同的气候变化情景对历史模拟和未来变化预测的可靠性水平不同，故不能单一地从降水或者气温一个方面的可靠性评价一个 GCM 的可靠性水平，需要综合考虑降水和气温两个方面的可靠性水平。故由式（3-3）得到基于 REA 的不等权重法的计算结果如图 3-5（b）所示。由图可以看出，10 个气候变化情景的权重值范围为 0.08~0.12，且用降水和气温可靠性因子的平均值来定义不等权重，可以权衡一个 GCM 在气温和降水两个方面的可靠性水平。

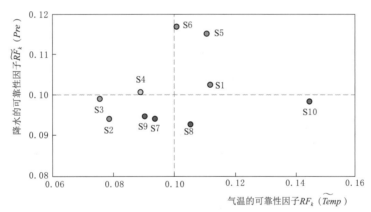

（a）各气候变化情景的降水和气温的可靠性因子

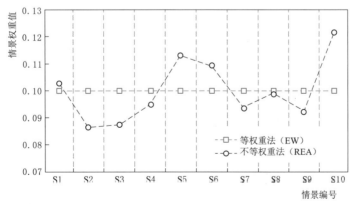

（b）各气候变化情景的基于 REA 的不等权重值与等权重值比较

图 3-5　等权重法和基于 REA 的不等权重法的计算结果

3.5.3　调度规则参数

表3-1显示了EW-AOR（Ⅰ）、REA-AOR（Ⅰ）、EW-AOR（Ⅱ）、REA-AOR（Ⅱ）、HOR的调度规则参数结果。由表可知：四种AOR和HOR随时间变化的趋势相似，调度规则优化参数a_i和b_i的结果所对应的范围分别为［0,60］、［-4 000,2 600］。但HOR的调度规则参数值，大部分介于同时段的AOR（Ⅰ）和AOR（Ⅱ）的参数值之间。此外，就四种AOR而言，相比于两种AOR（Ⅱ），两种AOR（Ⅰ）的优化结果在参数a_i上具有更大的绝对值，而在参数b_i上具有更小的绝对值。

表3-1　四种适应性调度规则和历史调度规则的优化参数结果

月份	HOR		EW-AOR（Ⅰ）		REA-AOR（Ⅰ）		EW-AOR（Ⅱ）		REA-AOR（Ⅱ）	
	a	b	a	b	a	b	a	b	a	b
1	37.28	-2 945.38	37.34	-2 899.00	36.99	-2 910.80	36.29	-2 957.92	36.27	-2 959.14
2	43.78	-3 191.20	43.16	-3 224.36	43.85	-3 193.29	40.47	-3 282.26	40.40	-3 284.02
3	37.58	-2 952.70	37.34	-2 899.12	37.34	-2 899.05	36.21	-2 963.49	36.19	-2 964.84
4	54.02	-2 078.21	51.07	-2 314.38	55.02	-2 178.21	41.86	-2 674.44	41.62	-2 683.86
5	27.05	2 554.68	22.36	2 392.22	27.54	2 599.26	8.58	1 799.49	8.21	1785.40
6	3.46	1 393.81	4.21	1 192.90	5.86	1 303.81	1.17	1 027.87	1.07	1 020.94
7	21.49	-1 163.39	22.74	-1 269.19	23.49	-1 163.39	20.20	-1 584.36	20.12	-1 594.30
8	35.45	-2 518.02	37.24	-2 448.99	37.45	-2 412.22	36.55	-2 533.67	36.54	-2 535.91
9	40.52	-3 638.46	40.72	-3 791.81	41.22	-3 698.25	39.62	-3 952.33	39.59	-3 957.89
10	35.67	-2 911.03	37.34	-2 899.03	37.34	-2 899.14	34.26	-2 929.90	34.20	-2 930.54
11	38.58	-3 272.72	38.58	-2 996.22	38.58	-2 995.89	38.58	-3 368.78	38.58	-3 376.55
12	36.60	-3 024.47	37.34	-2 898.98	37.34	-2 899.06	35.34	-3 058.82	35.30	-3 062.15

3.5.4　水库调度效益比较

3.5.4.1　发电量

由第3.3节可知，EW-AOR（Ⅰ）和REA-AOR（Ⅰ）的提取以多气候变化情景的加权平均发电量最大化为目标函数，而EW-AOR（Ⅱ）和REA-AOR（Ⅱ）的提取以针对合成径流的多年平均发电量最大化为目标函数。AOR（Ⅰ）的调度规则参数优化是以多个气候变化情景的径流序列作为率定资料，AOR（Ⅱ）的调度规则参数优化是以合成情景的径流序列为率定资料。为了便于比较四种AOR，利用历史实测数据和未来各个气候变化情景预测数据，分别对EW-AOR（Ⅰ）、REA-AOR（Ⅰ）、EW-AOR（Ⅱ）、REA-AOR（Ⅱ）进行模拟调度。表 3-2 展示了常规调度规则（COR）、历史调度规则（HOR）、四种适应性调度规则（AOR）在历史条件和未来各个气候变化情景下的多年平均发电量结果。

　　由表 3-2 可知，不论是在历史条件下还是未来多种气候变化情景下，HOR 和四种 AOR 的发电量均高于 COR，这说明了 HOR 和 AOR 相较于 COR 具有更好的适应性。就历史条件而言，因为 HOR 是基于历史实测径流序列而提取的，故其发电量最大，而在四种 AOR 中，EW-AOR（Ⅱ）和 REA-AOR（Ⅰ）的发电量仅次于 HOR。此外，比较四种 AOR 在历史条件下的发电量可知：①对于同一耦合位置，REA-AOR（Ⅰ）比 EW-AOR（Ⅰ）多发电量 $0.69×10^8$ kW·h，而 EW-AOR（Ⅱ）比 REA-AOR（Ⅱ）多发电量 $0.06×10^8$ kW·h；②对于同一权重分配方式，REA-AOR（Ⅰ）比 REA-AOR（Ⅱ）的发电量大，而 EW-AOR（Ⅰ）比 EW-AOR（Ⅱ）发电量小。

　　除了上述各个调度方式在历史条件下的表现，针对未来多情景下的表现，表 3-2 不仅采用多情景平均发电量对 COR、HOR、四种 AOR 在不确定气候变化环境下的总体表现进行了评价，还分析了不同调度方式在每一个气候变化情景的发电量。由表 3-2 可知，相比于 HOR 和 COR，四种 AOR 在未来气候变化环境下的适应性表现更优。此外，由于 AOR（Ⅰ）同时优化了多个气候变化情景，故 AOR（Ⅰ）整体上比 AOR（Ⅱ）表现更佳。在每一个气候变化情景下，以 HOR 为基准，分析四种 AOR 的发电量相对增长率，结果列在表 3-2 的"（ ）"中。可以看出，与 HOR 相比，EW-AOR（Ⅰ）提高了每一个气候变化情景下的发电量，而 REA-AOR（Ⅰ）、EW-AOR（Ⅱ）、REA-AOR（Ⅱ）提高发电量的情景比例分别为 70%、60%、60%。尽管 EW-AOR（Ⅱ）和 REA-AOR（Ⅱ）相比于 HOR 的发电量增加或减少的情景相同，但是前者的发电量增幅更大而降幅更小。

表 3-2　历史和未来条件下的多年平均发电量（10^8 kW·h）和相对于 HOR 的增长率（%）

情景类型		水库调度方式					
		COR	HOR	EW-AOR（Ⅰ）	REA-AOR（Ⅰ）	EW-AOR（Ⅱ）	REA-AOR（Ⅱ）
历史条件		137.97	176.17	175.45	176.14	176.16	176.10
未来气候变化情景	平均值	140.75	184.90	185.67	185.57	184.98	184.92
	S1	135.96	181.57 (−)	(0.36)	(0.48)	(0.39)	(0.35)
	S2	149.05	193.04 (−)	(0.28)	(−0.45)	(0.11)	(0.06)
	S3	146.64	193.88 (−)	(0.42)	(−0.41)	(0.15)	(0.11)
	S4	135.09	178.14 (−)	(0.76)	(0.26)	(−0.28)	(−0.34)
	S5	138.83	179.87 (−)	(0.47)	(1.36)	(−0.48)	(−0.51)
	S6	133.01	178.30 (−)	(0.46)	(1.15)	(0.18)	(0.21)
	S7	136.01	180.19 (−)	(0.36)	(−0.02)	(0.26)	(0.27)
	S8	145.23	189.41 (−)	(0.42)	(0.01)	(0.43)	(0.39)
	S9	147.27	192.23 (−)	(0.41)	(0.04)	(−0.21)	(−0.27)
	S10	140.46	182.35 (−)	(0.24)	(1.35)	(−0.15)	(−0.19)

总体而言，REA-AOR（Ⅰ）和 EW-AOR（Ⅱ）可以在历史条件和未来不确定的气候变化条件均具有良好的发电效益表现。因此，REA-AOR（Ⅰ）和 EW-AOR（Ⅱ）可以作为适应性调度的参考基准，特别是对于同时采用多种 GCM 来制定水库适应性调度规则的情况。

3.5.4.2 发电保证率

优化目标中没有考虑发电保证率指标，因此，比较不同调度方式的发电保证率有利于了解不同调度方式内在的发电可靠性水平。发电保证率指标代表了多年水库调度过程中实际出力不小于保证出力的时段数。COR、HOR 和四种 AOR 在历史条件、未来每个气候变化情景下的发电保证率比较，如图 3-6 所示。由该图可知，由于 COR 的设计着重考虑了发电保证率这一要素，故 COR 比 HOR 和四种 AOR 具有更好的发电可靠性。在历史条件下，HOR 的发电可靠性高于四种 AOR，而低于 COR；但是在未来多气候变化情景下，HOR 的发电可靠性远不及 REA-AOR（Ⅰ）、EW-AOR（Ⅱ）、REA-AOR（Ⅱ）。不论是历史条件还是未来气候变化条件，在四种 AOR 中，发电可靠性最好和最差的分别为 REA－AOR（Ⅰ）和 EW-AOR（Ⅰ），而 EW-AOR（Ⅱ）和 REA-AOR（Ⅱ）的发电保证率相同。

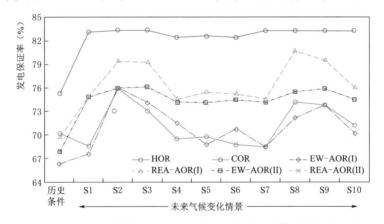

图 3-6 不同水库调度方式在历史和未来条件下的发电保证率比较

3.5.5 稳健性分析

在未来多情景模拟调度时，四种 AOR 均以未来各情景的径流作为输入，即四种 AOR 的输入不确定性相同，因而，在未来多个气候变化情景下，四种 AOR 调度结果的不确定性程度反映了调度规则本身在面临不确定气候变化环境下的稳健性水平[149, 151, 192]。一个调度规则输出的不确定程度越低，则表明该调度规则的稳健性越强，越有利于在不确定的气候环境下规避风险。

图 3-7 呈现了四种 AOR 在未来气候变化条件下水库库容和水库弃水的不确定性范围。图中包含了中位值、上下四分位构成的不确定性区间，以及表征不确定性程度的最大最小值。由图 3-7 可见，就调度规则的总体稳健性水平而言，REA－AOR（Ⅰ）最佳，而 EW-AOR（Ⅱ）最差。在水库库容方面：同一权重分配方式情况下，EW－AOR（Ⅰ）、

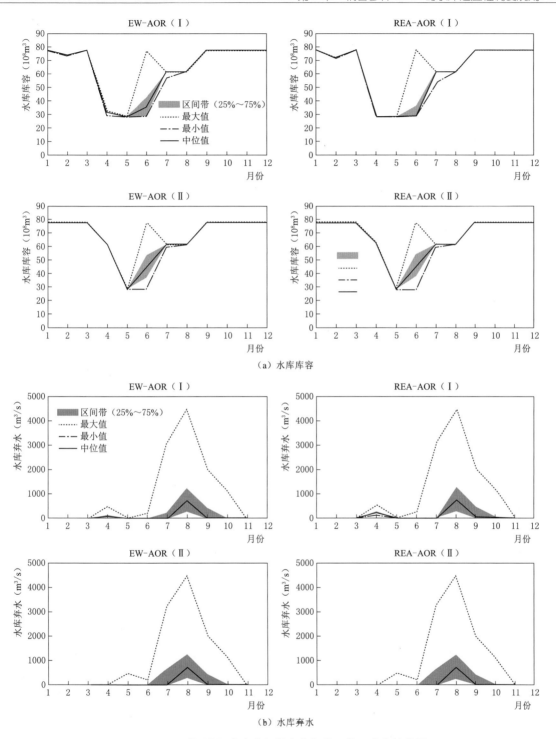

图 3-7 四种 AOR 在未来气候变化条件下的不确定性范围

REA-AOR（Ⅰ）分别比 EW-AOR（Ⅱ）、REA-AOR（Ⅱ）更稳健；同一情景耦合位置情况下，REA-AOR（Ⅰ）、REA-AOR（Ⅱ）分别比 EW-AOR（Ⅰ）、EW-AOR（Ⅱ）更稳健。

在水库弃水方面：同一权重分配方式情况下，EW-AOR（Ⅰ）、REA-AOR（Ⅰ）分别比EW-AOR（Ⅱ）、REA-AOR（Ⅱ）具有更少的不确定性范围；同一情景耦合位置情况下，REA-AOR（Ⅰ）比 EW-AOR（Ⅰ）更稳健，而 EW-AOR（Ⅱ）与 REA-AOR（Ⅱ）的不确定性控制能力相近。因此，REA-AOR（Ⅰ）是应对未来多变气候变化时稳健性最高的适应性调度方式；而两种 AOR（Ⅱ）的稳健性水平相近，均低于 AOR（Ⅰ）。

3.5.6　重点讨论

由表3-2的发电量比较可知，发电量的大小同时取决于权重的分配方式和情景的耦合位置。在 AOR（Ⅰ）中，基于 REA 的不等权重分配更为适用，因为 REA-AOR（Ⅰ）在历史条件和未来多气候变化条件下均具有良好的效益表现；在 AOR（Ⅱ）中，等权重的分配方式更有利于提升调度规则的效益性能。并且，由图3-6可知，权重分配方式对 AOR（Ⅰ）发电可靠性的影响十分显著，其中，基于 REA 的不等权重分配方式提高了调度规则的发电可靠性，而等权重分配方式却不利于调度规则发电可靠性，但是，权重分配方式对 AOR（Ⅱ）发电可靠性没有影响。

由图3-7的稳健性分析可知，与 AOR（Ⅱ）相比，AOR（Ⅰ）具有更强的稳健性；与等权重分配方式相比，基于 REA 的不等权重分配方式更有利于提高调度规则的稳健性。图3-7也显示了调度过程取决于情景耦合位置，与权重分配方式无关，这主要是由于情景耦合位置直接决定了目标函数形式和水库优化调度模型的输入信息。

总体而言，基于 REA 的不等权重分配方式更适合于 AOR（Ⅰ），因为它能提升AOR（Ⅰ）的效益与稳健性表现；而等权重分配方式更适合于 AOR（Ⅱ），因为它对AOR（Ⅱ）效益的提升作用更好，且不会显著降低稳健性水平。Chen[190]分析了气候变化情景的权重对水文响应的影响，发现多种 GCM 的加权计算对未来气候变化情景下的水文影响有限，建议使用等权重的分配方式预测径流。本书对 EW-AOR（Ⅱ）和 REA-AOR（Ⅱ）的比较结果与 Chen[190]相一致。此外，Steinschneider 和 Brown[132]所采用的 GCM-mean AOR 这一比较基准与本书的 EW-AOR（Ⅱ）相似，他们的研究也证明了 EW-AOR（Ⅱ）可以作为适应性调度规则评价基准之一的可行性。

3.6　总结

本章针对耦合多种 GCM 制定水库适应性调度规则的问题，分析不同权重分配方式和情景耦合位置的合理搭配方式。本书主要考虑了等权重和基于 REA 的不等权重两种分配方式，分析了二者被应用在水库优化调度模型目标函数和水文模型两个情景耦合位置。通过耦合复形调优算法的参数化-模拟-优化方法，提取了四种适应性调度规则：EW-AOR（Ⅰ）、REA-AOR（Ⅰ）、EW-AOR（Ⅱ）、REA-AOR（Ⅱ）。以锦屏一级水库作为研究案例，比较分析了四种 AOR 在发电量、发电保证率、稳健性方面的表现，得到了以下主要结论：

1）适应性调度规则参数特点与水库调度过程主要取决于情景耦合位置而不是权重分配方式，但是发电量大小和稳健性水平会受到情景耦合位置与权重分配方式的共同影响。

2）REA-AOR（Ⅰ）和 EW-AOR（Ⅱ）在历史条件和未来多种气候变化情景下均具有更好的发电量表现。

3）基于 REA 的不等权重分配方式比等权重分配方式更有利于提高 AOR（Ⅰ）的发电可靠性；而权重分配方式对 AOR（Ⅱ）的发电可靠性却无影响。

4）AOR（Ⅰ）比 AOR（Ⅱ）的稳健性更强，REA-AOR（Ⅰ）是四种适应性调度规则中稳健性最强的。

5）在耦合多种 GCM 提取适应性调度规则时，等权重分配方式更适用于多情景的耦合水文气象条件，而基于 REA 的不等权重分配方式更适用于耦合多情景的水库优化调度目标函数。

综上可知，REA-AOR（Ⅰ）和 EW-AOR（Ⅱ）被建议作为应对未来气候变化的水库适应性调度策略的两个参考基准，用以评价其他适应性调度规则的表现性能。

第4章　兼顾历史—未来的水库调度规则

4.1　引言

　　IPCC（2014）[1]调查显示：由于大气中温室气体的迅速上升，全球平均表面温度从1850—1900 年的基准期到1986—2005 年的比较期上升了 0.61℃。由于大气系统与水文循环之间的相互作用[196]，水文循环过程会受到气候变化的影响，进而引起水资源的时空分配格局的改变，并可能加剧洪涝、干旱灾害以及水资源供需矛盾[197,198]。水库作为人类有效应对水资源分配的重要手段，是应对气候变化不利影响的一种有效措施[145]。然而，在气候变化条件下，原有的一致性条件不复存在，基于历史信息编制的调度规则往往在气候变化条件下难以满足水库兴利要求，故国内外致力于水库管理的学者提出了采用适应性调度规则应对气候变化。

　　目前，国内外对气候变化条件下水资源适应性管理开展了较为广泛的研究。Zhou 和Guo[179]基于自适应优化的综合管理模型，提取了考虑气候变化影响下面向生态的多目标水库调度规则。Eum 和 Simonovic[180]提出了多目标水库的适应性优化调度方法，并讨论了水库规模大小对于气候变化的敏感程度。Yang[182]针对以发电和供水为主要目标的丹江口水库，利用 NSGA-Ⅱ方法提取了适应于气候变化条件的多目标水库调度规则。Zhang[183]以水分生产函数为优化目标，利用简化二维动态规划算法，提取了特定气候变化情景下的灌溉水库的适应性调度规则。

　　依据 Top-down 方法制定大多数水库适应性调度规则，一般遵循着下述研究思路[183]：①在特定的气候排放情景下（如：RCP4.5、RCP8.5），利用 GCM 和降尺度技术预测未来的气温、降水变化；②基于降水、蒸发和径流三者关系，通过水文模型实现未来径流序列的预测；③建立水库调度优化模型，利用未来气候变化的径流序列来提取适应性调度规则；④将基于历史径流序列的水库调度规则和水库适应性调度规则在未来时期进行模拟，对二者在效益等方面进行衡量和评价。尽管诸多的研究案例已经证明了此研究流程的可行性和指导意义，但由于 GCM 和水文模型本身存在着源于模型结构和初始解集等不确定性，未来气候变化较难实现准确预测[199,200]，故采用未来预测信息进行水库适应性调度研究的结果往往较难得到广泛认同和推广应用。因而，即使面对不容忽视的未来气候变化的现实，人们在水利工程实践中仍然会选择可靠的历史实测信息作为水库运行管理的主要依据。

　　如果将历史条件的再现也视为未来气候变化潜在发生的一种可能性，探索将历史实测信息与未来预测信息共同用于适应性调度规则的提取中，可能有助于提高调度规则的稳健性和可行性，有利于实现水库调度过程从历史向未来的平稳过渡。换言之，适应性调度规则研究，不仅需要考虑未来多种非一致性情景，也应包含历史实测条件。这可以使得所提取的调度规则既能适用于已发生的历史气候条件，也能应对未来多种可能的气候变化，即兼顾了历史、未来两种环境的效益。本书称这种水库适应性调度规则为：兼顾历史—未来的调度规则（Historical And Future Operating Rules，HAFOR）。

4.2　研究区域描述

4.2.1　东武仕水库

东武仕水库位于河北省邯郸市磁县境内的滏阳河干流上，地处海河流域的半湿润地区（如图 4-1 所示），总库容 1.81 亿 m^3，控制流域面积 340 km^2，多年平均径流量为 $3.8×10^8 m^3/s$，是一座以灌溉为主，结合防洪、发电等综合利用的大型水利枢纽工程。防洪标准为 100 年一遇洪水设计，2000 年一遇洪水校核。东武仕水库死库容为 $1×10^7 m^3$，相应死水位为 94.5m；6—9 月汛期的防洪库容为 $1.036×10^8 m^3$，非汛期的兴利库容为 $1.463×10^8 m^3$，相应的水位分别为 102m 和 109.68m。

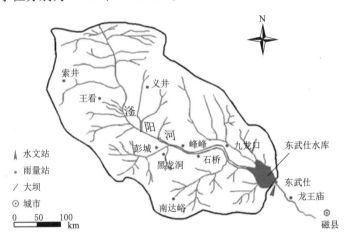

图 4-1　东武仕水库流域示意图

以东武仕水库作为农业灌溉水源的滏阳河灌区，地理位置是东经 $114°30'$、北纬 $36°41'$。多年平均降雨量是 560mm，大部分集中在 7—9 月，多年平均气温 12.9℃，多年平均日照时数 2 672.8h，多年平均风速 2m/s，多年平均蒸发量 1 150mm。该地区的土壤质地主要为中壤质脱沼泽潮土，土壤总体肥力属中等水平，有机质含量为 1.0% 左右，全氮含量为 4.9%。地下水常年埋深 12m 左右，无地下水补给。灌区的灌溉面积为 $4.267×10^4 hm^2$，灌溉水利用系数为 0.46。作物为一年两熟制，即每年的 6 月上中旬至 9 月中下旬种植夏玉米（Summer Maize，SM），9 月下旬至次年 6 月上旬种植冬小麦（Winter Whcat，WW）。夏玉米和冬小麦的市场价格分别拟为 1.9 元/kg、2.1 元/kg，夏玉米和冬小麦在充分灌溉条件下的最高产量分别为 37.33kg/hm^2、28kg/hm^2。作物种植方式为一年两熟制，即每年的 6 月上中旬至 9 月中下旬种植夏玉米，9 月下旬至次年 6 月上旬种植冬小麦。夏玉米共有 4 个作物生长阶段，即播种—拔节、拔节—抽雄、抽雄—灌浆、灌浆—成熟，分别记作 SM-1、SM-2、SM-3、SM-4；冬小麦共有 6 个作物生长阶段，即播种—越冬、越冬—返青、返青—拔节、拔节—抽穗、抽穗—灌浆、灌浆—成熟，分别记作 WW-1，…，WW-6。水库调度的时段与作物生长阶段相一致，即水库供水与作物需水同步。

4.2.2 研究数据

选取 1965—2005 年的月尺度气候数据（降水、最高最低气温、径流）作为历史水文气象资料。采用滑动窗抽样的方法[201]获得多组基于实测资料的历史情景。具体的抽样步骤为：将数据长度为 n 的资料，按照窗口长度为 k 进行划分，进而将实测序列资料分成相互重叠的 $n-k+1$ 个样本，每一滑动窗确定的样本即为一个历史情景。基于滑动窗抽样所生成的历史情景是以历史实测资料为依据的，它们均反映了历史环境。本书研究案例采用窗口大小为 20 年，将 1965—2005 年的历史资料滑动窗取样成 21 个历史情景，记为历史情景 1、历史情景 2、…、历史情景 21，即标记为 SH-1、…、SH-21。

未来气候变化的研究时段为 2025—2045 年。未来降水和潜在蒸发数据，来源于 CMIP5 所提供的 RCP4.5 排放情景下 7 个 GCM 数据。所选取的 GCM 包括：ACCESS1.3、BCC-CSM1.1、Bnu-ESM、CanESM2、CSIRO-Mk3.6.0、INMCM4.0 和 IPSL-CM5A-LR，对应地记作：未来情景 1、…、未来情景 7，即标记为 SF-1、…、SF-7。将基于误差校正[154]和降尺度[202]之后的降水和蒸发，作为新安江月水文模型[203]的输入驱动，预测未来各情景的径流。新安江月水文模型在未来径流预测之前，利用历史实测的水文气象数据对模型参数进行率定（1965—1990 年）与检验（1991—2005 年），借助遗传算法来优化模型参数，通过纳什效率系数评价其模拟能力。经计算，率定期和检验期的 NSE 分别为 83.1% 和 81.4%。这表明由历史实测资料率定的水文模型参数可用于预测未来径流。

4.3 兼顾历史—未来的水库调度规则编制

4.3.1 问题相似性比较

本书分析兼顾历史—未来的水库调度规则（HAFOR）的原因与方式，与 Fowler 等[204]针对概念性水文模型的率定和检验的表现差异问题类似。两者的相似性比较如图 4-2 所示。Fowler[204]调查发现，许多概念性水文模型通常在率定期的优化表现好，而在相对干旱的检验期的评价会表现较差。因此，他们建议将率定期和检验期的水文序列同时进行优化，以改善水文模型的性能和提高模型的可用性。在本书所关注的水库适应性调度规则的问题中，以历史资料为率定的历史调度规则（HOR）和以未来预测资料为率定的未来调度规则（Future Projection Operating Rules, FPOR）均存在着率定时表现性能好而在相互检验时却表现差的问题。因此，为了获得能够兼顾历史与未来两个时期效益的适应性调度规则，故将历史径流与未来径流同时选作水库调度模型的输入序列，提取得到 HAFOR。这一新的调度规则同时融合了历史和未来的水文气象条件，可以改善针对单一历史/未来环境所编制的水库调度规则在拓展性能上的不足之处，也有助于实现水库从历史环境到未来变化条件的稳健过渡。

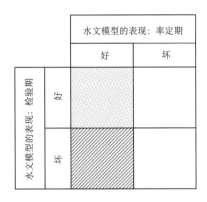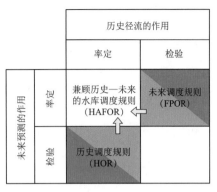

（a）Fowler[204] 所提出的水文模型在率定期
和检验期表现差异问题（红色线域表示率
定期做优化、检验期做评价；蓝色
线域表示同时做优化）

（b）本书提出的历史调度规则（HOR）和未来调度
规则（FPOR）在率定和检验径流序列中的表现对比
（红色表示HOR和FPOR互检验条件下效果差；
绿色表示HOR和FPOR自检验条件下效果好；
黄色箭头表示将两种径流序列同时用于
率定，以提高水库调度规则在未来和
历史两个时期的表现性能）

图 4-2　相似性比较

4.3.2　技术框架概述

本书同时以历史实测情景和未来预测情景作为率定资料，将历史和未来两种环境下的多情景平均效益最大化和多情景平均稳健性指标最大化作为优化目标，利用权重法将多目标转化为单目标问题，从而构建了单一任务型水库兼顾历史和未来的优化调度模型，利用参数化-模拟-优化方法[21, 193] 提取兼顾历史—未来的调度规则。具体的技术路线如图 4-3 所示。水库优化调度模型和调度规则的形式与提取方法在第 4.3.3 节予以介绍。对于以农业灌溉为单一任务的东武仕水库这一研究案例，如第 4.2.2 节所述，本书采用了 7 个未来预测情景和 21 个基于历史实测序列抽样的历史情景。

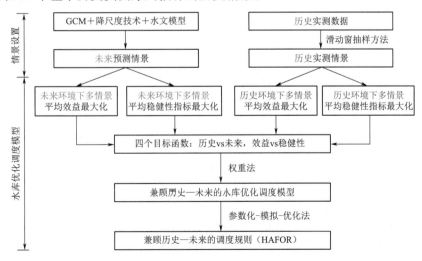

图 4-3　提取兼顾历史—未来的调度规则的技术路线图

4.3.3 水库优化调度模型

4.3.3.1 目标函数

目标函数包括：历史、未来两种环境下的多情景平均效益和多情景稳健性指标。针对本书的灌溉型水库研究案例而言，四个目标函数分别按照效益和稳健性指标进行如下的数学描述：

（1）历史/未来环境下的多情景平均效益最大化

$$\text{Max} \quad \overline{B}^{H/F} = \frac{1}{S} \times \sum_{s=1}^{S} \sum_{j=1}^{T} \left[P_1 \times Y_{1,\max} \times \prod_{i=1}^{N_1} (ET_{i,j,s}/ETm_{i,j,s})^{\lambda_i} \right.$$

$$\left. + P_2 \times Y_{2,\max} \times \prod_{i=N_1+1}^{N_1+N_2} (ET_{i,j,s}/ETm_{i,j,s})^{\lambda_i} \right] \tag{4-1}$$

式中：上标 H/F 表示此公式同时适用于历史和未来环境；$\overline{B}^H$ 和 $\overline{B}^F$ 分别为历史环境和未来环境的多情景平均效益，简化为 $\overline{B}^{H/F}$；$P_1 \times Y_{1,\max} \times \prod_{i=1}^{N_1} (ET_{i,j,s}/ETm_{i,j,s})^{\lambda_i}$ 为第 s 情景下第 j 年的夏玉米效益，记作 $BM_{j,s}$；$P_2 \times Y_{2,\max} \times \prod_{i=N_1+1}^{N_1+N_2} (ET_{i,j,s}/ETm_{i,j,s})^{\lambda_i}$ 为第 s 情景下第 j 年的冬小麦效益，记作 $BW_{j,s}$；P_1 和 P_2 分别为夏玉米和冬小麦的市场价格；$Y_{1,\max}$ 和 $Y_{2,\max}$ 分别为充分供水条件下夏玉米和冬小麦的最大产量；这里，假定 P_1，P_2，$Y_{1,\max}$，$Y_{2,\max}$ 为常数；$ETm_{i,j,s}$ 为作物在充分供水条件下的最大潜在腾发量，采用 Hargreaves 方法[205]计算求解；$ET_{i,j,s}$ 为作物的实际腾发量；λ_i 为水分敏感指数，随着生长阶段而改变，数值源于张志宇[206]计算的多年平均的实验结果；T 和 S 分别为总年数和总情景数，因历史、未来环境的不同而异；N_1 和 N_2 分别为夏玉米和冬小麦的生长阶段数，且每个阶段内的天数不一定相同；由于种植方式为年轮作，故一年共有 N_1+N_2 个作物生长阶段，简化记作 N。

（2）历史/未来环境下的多情景平均稳健性指标最大化

$$\text{Max} \quad R^{H/F} = \frac{\sum_{s=1}^{S} \sum_{j=1}^{T} \Lambda_{j,s}}{S \times T} \tag{4-2}$$

式中：上标 H/F 表示公式同时适用于历史和未来环境；R^H 和 R^F 分别为历史环境和未来环境的多情景平均稳健性指标，简化为 $R^{H/F}$；二元函数 $\Lambda_{j,s} \begin{cases} 1, BM_{j,s} \geqslant BM_{j,s}^{COR} \quad \& \quad BW_{j,s} \geqslant BW_{j,s}^{COR} \\ 0, 其他 \end{cases}$，当满足条件时取为 1，反之则取为 0。$\Lambda_{j,s}$ 表示了只有在根据 HAFOR 所产生的两种作物效益（$BM_{j,s}$、$BW_{j,s}$）均不少于根据常规调度（Conventional Operating Rules，COR）所带来的相应效益（$BM_{j,s}^{COR}$、$BW_{j,s}^{COR}$）时，HAFOR 的效益表现才是稳健的。$\Lambda_{j,s}^H$ 和 $\Lambda_{j,s}^F$ 分别表示历史、未来的稳健性指标的二元函数描述。

采用权重法[207, 208]对上述四个目标函数赋予对应的权重值，将多目标函数转化为如式（4-3）所示的单目标函数。通过调整四个权重的组合情况，可以求解得到 Pareto 解集。本书采用等权重提取 HAFOR 进行分析。

$$\text{Max} \quad F = \omega_1 \frac{\overline{B}^{\text{H}}}{B_{\text{max}}^{\text{H}}} + \omega_2 \frac{\overline{B}^{\text{F}}}{B_{\text{max}}^{\text{F}}} + \omega_3 R^{\text{H}} + \omega_4 R^{\text{F}} \tag{4-3}$$

$$B_{\text{max}}^{\text{H/F}} = T \times (P_1 \times Y_{1,\text{max}} + P_2 \times Y_{2,\text{max}}) \tag{4-4}$$

式中：$\dfrac{\overline{B}^{\text{H}}}{B_{\text{max}}^{\text{H}}}$ 和 $\dfrac{\overline{B}^{\text{F}}}{B_{\text{max}}^{\text{F}}}$ 分别为 $\overline{B}^{\text{H}}$ 和 $\overline{B}^{\text{F}}$ 的归一化结果；$B_{\text{max}}^{\text{H/F}}$ 表示最大的潜在效益；ω_1、ω_2、ω_3、ω_4 分别为历史效益权重、未来效益权重、历史稳健性权重、未来稳健性权重。

4.3.3.2　约束条件

对于以灌溉为主的东武仕水库，主要考虑了水库、田间，以及二者关系的三方面约束条件，主要包括：水库水量平衡、水库库容约束、水库出流约束、田间水量平衡和田间蓄水量约束。

（1）水库水量平衡

$$\begin{cases} V_{i+1,j,s} = V_{i,j,s} + I_{i,j,s} - Q_{i,j,s} \\ V_{1,j+1,s} = V_{N+1,j,s} \end{cases} \quad \forall i,j,s \tag{4-5}$$

式中：$V_{i,j,s}$ 和 $V_{i+1,j,s}$ 分别为第 s 情景下第 j 年中第 i 时段的始、末水库库容；$I_{i,j,s}$ 和 $Q_{i,j,s}$ 分别为第 s 情景下第 j 年中第 i 时段的水库入流和水库出流；$V_{1,j+1,s}$ 为第 s 情景下第 $j+1$ 年的初始库容；$V_{N+1,j,s}$ 表示第 s 情景下在第 j 年的末库容。

（2）水库库容约束

$$VL_i \leqslant V_{i,j,s} \leqslant VU_i \quad \forall i,j,s \tag{4-6}$$

式中：VU_i 和 VL_i 分别为水库库容的上限和下限。

（3）水库出流约束

$$QL_i \leqslant Q_{i,j,s} \leqslant QU_i \quad \forall i,j,s \tag{4-7}$$

式中：QU_i 和 QL_i 分别为水库出流的上限和下限。

（4）田间水量平衡

$$\begin{cases} W_{i+1,j,s} = W_{i,j,s} + PE_{i,j,s} + \overline{\theta} \times (H_{i+1,j,s} - H_{i,j,s}) \\ \qquad\quad + M_{i,j,s} - ET_{i,j,s} - d_{i,j,s} \\ W_{1,j+1,s} = W_{N+1,j,s} \end{cases} \quad \forall i,j,s \tag{4-8}$$

式中：$W_{i,j,s}$ 和 $W_{i+1,j,s}$ 分别为第 s 情景下第 j 年中第 i 时段的始、末田间蓄水量；$W_{1,j+1,s}$ 为第 s 情景下第 $j+1$ 年的初始田间蓄水量；$W_{N+1,j,s}$ 为第 s 情景下第 j 年的末田间蓄水量；$PE_{i,j,s}$ 为第 s 情景下第 j 年中第 i 时段的田间有效降雨[209]；$M_{i,j,s}$ 和 $d_{i,j,s}$ 分别为第 s 情景下在第 j 年中第 i 时段的灌溉水量和排水量；$H_{i,j,s}$ 和 $H_{i+1,j,s}$ 分别为第 s 情景下第 j 年中第 i 时段的始末根系生长长度；$\overline{\theta}$ 表示耕作层的平均土壤含水量，本书取为 $0.60\theta_f$，其中 θ_f 为田间持水量。

（5）田间蓄水量约束

$$\theta_{wp} \times H_{i,j,s} \leq W_{i,j,s} \leq \theta_f \times H_{i,j,s} \quad \forall i,j,s \tag{4-9}$$

$$W_{1,j,s} = \theta_{initial} \times H_{1,j,s} \quad \forall i,j,s \tag{4-10}$$

式中：θ_f 为田间持水量，实验结果取为 0.33；θ_{wp} 为凋萎系数；$\theta_{initial}$ 为耕作层的初始土壤含水量，本书取为 $0.80\theta_f$；$W_{1,j,s}$ 为第 s 情景下第 j 年的初始田间蓄水量；$H_{1,j,s}$ 为第 s 情景下第 j 年的初始根系长度，取决于所种植的作物。

（6）水库与田间关系

$$Q_{i,j,s} = \frac{M_{i,j,s} \times A}{\eta_0} \quad \forall i,j,s \tag{4-11}$$

式中：$Q_{i,j,s}$ 为第 s 情景下第 j 年中第 i 时段的水库出流；$M_{i,j,s}$ 为第 s 情景下第 j 年中第 i 时段的田间灌溉水量；A 为灌溉面积；η_0 为灌溉效率。

4.3.4 调度规则的描述与提取

对于灌溉水库而言，水库出流不仅取决于水库可用水量，也需要考虑田间可用水量，即为多元线性关系。这种调度规则形式考虑了田间土壤自身含水量对作物生长的水分供给作用，避免了仅根据水库蓄水状况来确定水库出流的不足（如：供水不足引起的干旱、供水过多引起的水资源浪费）。Zhang[183] 证明了式（4-12）所述的调度规则形式的合理性和可用性。HAOFR 的数学描述如下：

$$Q_{\sim i,j,s} = a_i + b_i \times AV_{i,j,s} + c_i \times AW_{i,j,s} \quad \forall i,j,s \tag{4-12}$$

$$AV_{i,j,s} = V_{i,j,s} + I_{i,j,s} \tag{4-13}$$

$$AW_{i,j,s} = W_{i,j,s} + PE_{i,j,s} \tag{4-14}$$

式中：$Q_{\sim i,j,s}$ 为第 s 情景下在第 j 年中第 i 时段的基于 HAFOR 计算的水库出流；式（4-13）中描述的 $AV_{i,j,s}$ 和式（4-14）中描述的 $AW_{i,j,s}$，分别表示水库的可用水量和田间的可用水量；$I_{i,j,s}$ 和 $PE_{i,j,s}$ 分别为水库入流和田间有效降水；a_i、b_i、c_i 均为调度规则的参数，随着作物生长阶段的不同而改变。

采用耦合复形调优算法[195] 的参数化—模拟—优化方法，提取兼顾历史—未来的水库调度规则（HAFOR）。复形调优算法是一种用于求解含有等式约束和非等式约束的 n 维问题的非线性极值搜索方法，它可以在给定的参数优化区间内不断优化参数，直至搜索到最优目标函数及其相应的参数集，其计算原理与过程详见参考文献 [195]。

4.4 水库调度方式的比较基准

通过比较 HAFOR 与常规调度规则（COR）、历史调度规则（HOR）、未来调度规则（FPOR），能够检验所提取的 HAFOR 的有效性，分析 HAFOR 的特点。其中，COR 是一种经验性、较为保守的调度方式；HOR 是历史条件下表现较佳的调度方式；FPOR 是一种专门应对气候变化的适应性调度方式。

4.4.1　常规调度规则

水库的灌溉调度是通过水库调蓄来满足作物需水要求的一种兴利措施。东武仕水库的常规调度规则（COR），以尽可能提高水库的水资源利用效率为目的，即在满足水库约束条件下，水库出流取为当前年内预计可利用水量的平均值；反之，水库出流取为水库入流。数学描述如下所示：

$$Q^*_{i,j,s} = \begin{cases} \dfrac{1}{N-i+1}\left(\sum_{i=1}^{N} I_{i,j,s} - \alpha_i \sum_{k=1}^{i} Q^*_{k,j,s} \right), & if\ VL_{i+1} \leqslant V_{i+1,j,s} \leqslant VU_{i+1} \\ I_{i,j,s}, & otherwise \end{cases} \tag{4-15}$$

式中：$Q^*_{i,j,s}$为根据常规调度规则计算的水库出流；$I_{i,j,s}$为第s情景下在第j年中第i时段的水库入流；$V_{i+1,j,s}$为第s情景下在第j年中第i时段的末库容，需满足库容约束下限VL_{i+1}和上限VU_{i+1}；N为年内的总时段数，即总生育阶段数；α_i为时段表征因子，且有
$\alpha_i = \begin{cases} 0 & i=1 \\ 1 & i=2,\cdots,N \end{cases}$。

4.4.2　历史调度规则

历史调度规则（HOR）与HAFOR的主要区别在于：HOR是仅以历史多情景作为水库优化调度模型的输入，且仅以式（4-1）中所述的历史环境下多情景平均效益最大化为目标函数。HOR的形式与HAFOR相同，即如式（4-12）~式（4-14）所示；同样采用耦合复形调优算法的参数化-模拟-优化方法来优选HOR的参数。

4.4.3　未来调度规则

未来调度规则（FPOR）的提取，与HOR和HAFOR基本相同。FPOR的调度规则形式和提取方法与HOR和HAFOR相同。不同之处在于，FPOR以未来多情景作为水库优化调度模型的输入，仅以式（4-1）中所述的未来环境下多情景平均效益最大化为目标函数。

4.5　结果与分析

4.5.1　历史和未来两种环境的多情景特征分析

图4-4呈现了历史环境下21个情景的最高最低气温、降水和径流在月尺度上的变化范围。由图可知，尽管不同情景下气温和降水的差异不大，但是降水和气温驱动下径流在不同情景之间的差异明显。而图4-5表示了未来环境下7个GCM在最高最低气温、降水和径流的差异，以及与历史实测平均值之间的变化。由图可见，相比于历史环境，未来环境在气温、降水和径流方面的变化情况各不相同，既有增加情景，也有减少情景，这说明

了未来气候变化具有不确定性。

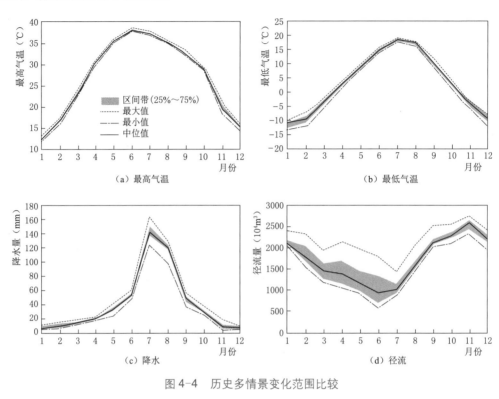

图 4-4　历史多情景变化范围比较

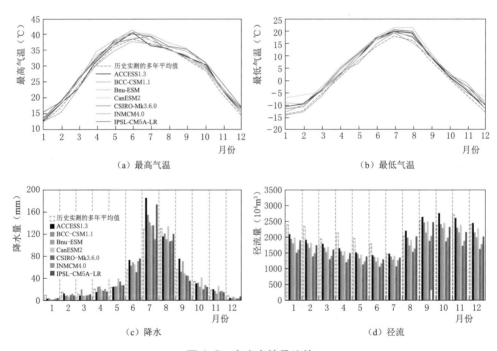

图 4-5　未来多情景比较

4.5.2　HAFOR、HOR、FPOR 的调度规则参数

由式（4-3）可知，不同的权重组合将会产生多组关于 HAFOR 的调度规则参数集。本书呈现的结果以四个目标等权重所产生的调度规则参数集来代指 HAFOR，旨在体现该调度规则的有效性。表 4-1 列出了 HAFOR、HOR、FPOR 的调度规则参数结果（a、b、c，其中 a 为常数项的参数，b 为水库可用水量的参数，c 为田间可用水量的参数）。由表4-1 可以看出，尽管这三种调度规则的参数随作物生长阶段的变化趋势相似，但是HAFOR 的参数结果并非 HOR 和 FPOR 二者参数结果简单相加或是加权平均。此外，由HAFOR 的设计结构可知，相较于 HOR 和 FPOR，HAFOR 可同时适应于历史和未来多个情景。HAFOR、HOR、FPOR 的调度规则参数的差异性是引起调度效益和稳健性不同的重要原因。

表 4-1　兼顾历史—未来的调度规则（HAFOR）、历史调度规则（HOR）、
未来调度规则（FPOR）的参数结果

作物类型	生长阶段	HAFOR			HOR			FPOR		
		a	b	c	a	b	c	a	b	c
夏玉米	SM-1	−56.386 7	0.002 0	−0.025 1	−54.618 3	0.001 0	−0.161 0	−51.348 6	0.004 5	−0.188 1
	SM-2	4.976 7	0.000 9	−0.116 8	2.364 8	0.001 4	−0.104 1	5.418 79	0.001 7	−0.086 4
	SM-3	−7.676 7	0.007 3	0.133 8	−15.073 7	0.009 9	0.081 8	−19.782 1	0.008 6	0.072 2
	SM-4	19.564 5	0.006 4	−0.106 2	12.243 7	0.005 5	−0.075 3	15.841 5	0.004 8	−0.083 5
冬小麦	WW-1	−15.949 9	−0.000 4	0.041 3	−10.726 9	−0.000 4	0.058 6	−13.128 1	−0.000 2	0.067 7
	WW-2	−18.909 7	0.001 0	0.048 5	−23.423 5	0.000 6	0.071 8	−23.147 3	0.000 8	0.069 1
	WW-3	−2.668 1	0.003 7	−0.533 1	−0.445 2	0.004 0	−0.449 2	0.799 9	0.004 0	−0.490 8
	WW-4	13.270 3	0.004 2	−0.142 3	61.895 4	0.001 3	−0.204 9	66.923 8	0.006 9	−0.196 9
	WW-5	−23.248 2	0.003 9	0.046 3	−13.158 8	0.004 2	0.011 5	−11.920 4	0.003 9	0.044 8
	WW-6	−15.311 5	0.000 5	−0.000 5	−30.741 9	0.000 7	−0.088 3	−23.412 0	0.001 1	−0.016 2

4.5.3　四个目标函数之间的权衡关系分析

利用四个权重（ω_1、ω_2、ω_3、ω_4）将式（4-1）和式（4-2）所述的多目标问题转化为式（4-3）所述的单目标问题。四个权重可以从两个角度进行划分：①历史和未来，分别记作 ωH 和 ωF；②效益和稳健性，分别记作 ωB 和 ωR。其中，历史权重 $\omega H = \omega_1 + \omega_3$、未来权重 $\omega F = \omega_2 + \omega_4$、效益权重 $\omega B = \omega_1 + \omega_2$、稳健性权重 $\omega R = \omega_3 + \omega_4$；且有 $\omega H + \omega F = 1$ 和 $\omega B + \omega R = 1$。为了避免两种划分角度的相互影响，同一类型权重的各组成权重相等，例如：在历史权重 ωH 中，$\omega_1 = \omega_3$。图 4-6 展示了历史权重与未来权重、效益权重与稳健性权重的权衡关系。在图 4-6 所示的两个图中，ωH 和 ωB 分别以 0.2 步长在 0 到 1 范围内变化；此外，图中矩形的四个边框所在位置表示了历史效益、历史稳健性指标、未来效益、未来稳健性指标四个目标的大小。图 4-6 中以灰色虚线划分了图 4-6（a）的历史象限与未来象限、图 4-6（b）的效益象限与稳健性象限。如图 4-6（a）所示，随着历史权重

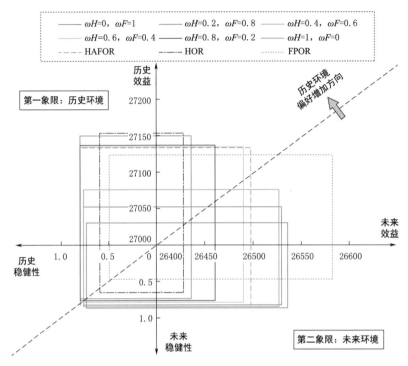

（a）历史权重ωH与未来权重ωF的关系分析

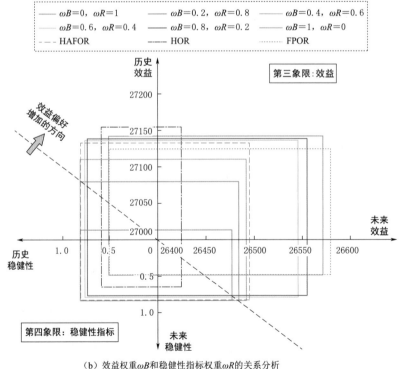

（b）效益权重ωB和稳健性指标权重ωR的关系分析

图4-6　四个目标权重的关系分析图

ωH 的增加，历史表征（效益和稳健性）均增加，而未来表征将相应减少。图 4-6 （b）呈现出 ωB 的增加使得历史效益和未来效益均有所增加，而在历史和未来两个时期的稳健性指标降低。由此可知，四个目标函数之间存在相互竞争的关系。因此，基于历史和未来两种环境角度、效益和稳健性两个指标来构建的多目标函数是合理的，即验证了 HAFOR 建立的合理性。

4.5.4 调度效益与稳健性指标评价

图 4-7 展示了不同权重组合所构成的 Pareto 解集。本书考虑了各个权重变化在 0 到 0.4 范围内的 Pareto 解集。此结果表明：尽管 HOR 和 FPOR 分别在历史效益和未来效益上取得最大值，但是 HAFOR 的 Pareto 解集在总体上是优于 HOR 和 FPOR 的。在实际问题中，效益与稳健性的权重大小应该主要取决于管理者的偏好，本书主要以等权重条件下的 HAFOR 进行后续的结果比较。

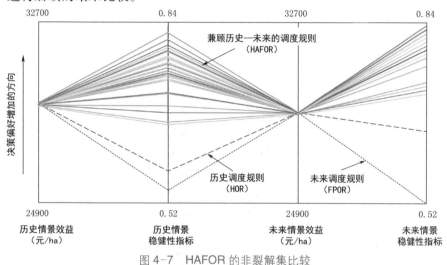

图 4-7 HAFOR 的非裂解集比较

表 4-2 展示了 COR、HOR、FPOR 和 HAFOR 四种调度方式的调度效益和稳健性指标的评价结果。COR 是衡量其他三种调度规则有效性的基准，HOR 和 FPOR 分别是检验 HAFOR 在历史和未来两种环境适应能力的参考基准。

表 4-2 四种水库调度方式的多情景平均效益与多情景平均稳健性指标的比较

水库调度方式	多情景平均效益（元/ha）		多情景平均稳健性指标（%）	
	历史环境	未来环境	历史环境	未来环境
COR	25 730. 24 （－）	24 966. 51 （－）	—	—
HOR	27 153. 83 （5. 53%）	26 426	57. 86	65
FPOR	27 124. 4	26 580. 48 （6. 47%）	49. 29	47. 86
HAFOR	27 132. 87 （5. 45%）	26 496. 62 （6. 13%）	79. 05	82. 86

由表 4-2 的效益表现可以看出：①相对于 COR，HAFOR 在历史和未来两种环境下分别能够提升效益幅度为 5.45%、6.13%，仅以微弱的差距次于历史环境下 HOR 的 5.53%

和未来环境下 FPOR 的 6.47%；②尽管 HOR 和 FPOR 在各自率定的环境下可获得很好的表现，但是在交叉验证中，HOR 在未来环境的多情景平均效益和 FPOR 在历史环境的多情景平均效益均低于 HAFOR。这表明 HAFOR 不仅能够兼顾历史情景和未来情景的效益，还使得两种效益相比于 COR 均有所增加，且未来情景的增幅更明显。因此，HAFOR 可理解为一种为了规避经济损失、考虑历史环境与未来气候变化环境的折中调度方式，是一种确保水库能够从历史环境向未来气候变化环境平稳过渡的良好应对方法。

由表 4-2 的稳健性指标结果可以看出，由于在 HAFOR 的优化调度模型中纳入了稳健性指标，因此，在历史和未来环境下，HAFOR 的稳健性均显著高于 HOR 和 FPOR。这种稳健性有利于 HAFOR 应对不确定的未来气候变化条件，可避免由环境改变引起的效益表现大幅度波动。因此，相比于传统的调度方案（COR、HOR 和 FPOR），HAFOR 不仅兼顾了历史和未来两种环境的调度效益，还保证了效益的稳健性。可以说，HAFOR 是一种应对不确定变化环境下的有效水库管理方式。

此外，针对 HAFOR、HOR、FPOR 这三种调度方式在历史和未来两种环境中的每个情景下表现，图 4-8 呈现了三种调度方式相对于 COR 效益的增益百分比和稳健性指标值。

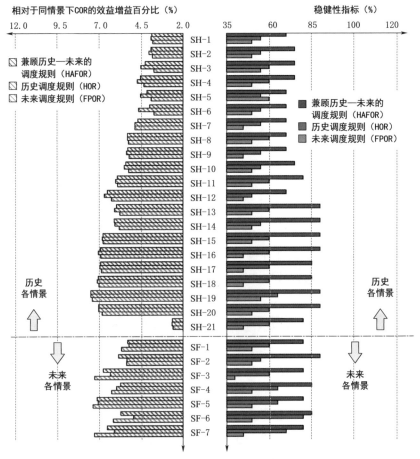

图 4-8　在历史和未来的各个情景下，HAFOR、HOR、FPOR 三种调度方式相对于 COR 的效益增益和稳健性指标值

由图 4-8 可知,在 20 个历史情景下（占 95%）,HAFOR 的效益增益百分比仅次于 HOR 的效益增益百分比;而在未来多个情景下,HAFOR 的效益增益百分比仅次于 FPOR 的效益增益百分比;不论是在历史环境还是未来气候变化环境下,HAFOR 的效益稳健性指标均显著地高于 HOR 和 FPOR 的效益稳健性指标。这也表明了 HAFOR 能在不确定气候条件下具有更好的适用性与经济稳健性能力。

4.5.5 历史环境下三种典型情景的调度过程分析

对历史环境的各个情景水库入流总量进行排频,选择经验频率分别为 25%、50% 和 75% 的情景作为丰、平、枯三种典型情景。本书选取的历史丰水情景、历史平水情景、历史枯水情景对应的阶段分别为 1969—1988 年、1976—1995 年、1982—2001 年,对应的多年径流过程如图 4-9 (a) 所示。图 4-9 (b) 描述了 COR、HOR、FPOR 和 HAFOR 这四种调度方式在丰平枯三种典型情景下的水库出流、水库库容、田间蓄水量随作物生长阶段而变化的过程。由图 4-9 (b) 可以看出:①在水库出流上,COR、HOR、FPOR 和 HAFOR 随生产阶段的水量分配规律不相同,但 SM-4 阶段是 HAFOR、HOR 和 FPOR 供水量最大的时段,即反映出该阶段的效益受缺水影响最明显。此外,相比于 COR、HOR 和 FPOR,HAFOR 在实现了水量优化分配的同时,供水规律受历史情景丰枯变化的影响最小。②在水库库容上,HOR、FPOR 和 HAFOR 的表现相似,但 HAFOR 增加了调度期末（WW-6 阶段）的库容,这为第二年的作物轮种提供了更好的供水储备。随着情景来水的减少,这一特点愈加明显。此外,与 COR 相比,HAFOR、HOR 和 FPOR 三种调度方式能够在夏玉米最后两个生长阶段最大限度地供水,为避免作物大幅减产起到至关重要的作用。③在田间蓄水量上,HAFOR 对田间蓄水量造成的影响在总体上与 HOR 和 FPOR 相似,而显著差异主要体现在 SM-2 和 WW-2 阶段,并且 HAFOR 对田间蓄水量的影响在枯水情景下更为明显。相比于 COR,HAFOR、HOR 和 FPOR 这三种方式均大幅改善了田间蓄水条件,有利于应对未来干旱的发生。

4.5.6 未来环境下多情景调度过程的稳健性分析

COR、HOR、FPOR 和 HAFOR 这四种水库调度方式在未来环境的多情景进行模拟时,输入均为未来各情景的降水、蒸发和径流,即输入不确定性是相同的。因而,在面临未来多种可能发生的环境下,调度结果的不确定性程度反映了调度规则自身的稳健能力和对气候变化的适应性水平[149, 151]。调度结果的不确定性程度越低则代表该调度规则越稳健,越有利于在多变环境下避免风险损失。

图 4-10 呈现了 COR、HOR、FPOR 和 HAFOR 四种水库调度方式在未来气候变化条件下在水库出流、水库库容和田间蓄水量三个方面的不确定性范围。图中包含了中位值、上下四分位构成的不确定性区间,以及表征不确定性水平的最大最小值。由图 4-10 可知,HAFOR 在水库出流和水库库容的不确定性程度较小,尤其是与 HOR 和 FPOR 相比。这说明了 HAFOR 更强的稳健性不仅仅体现在基于效益的稳健性指标（见表 4-2）,还体现在水库调度的过程上。但是,从田间蓄水量的不确定性程度分析可知,HAFOR 显著高于

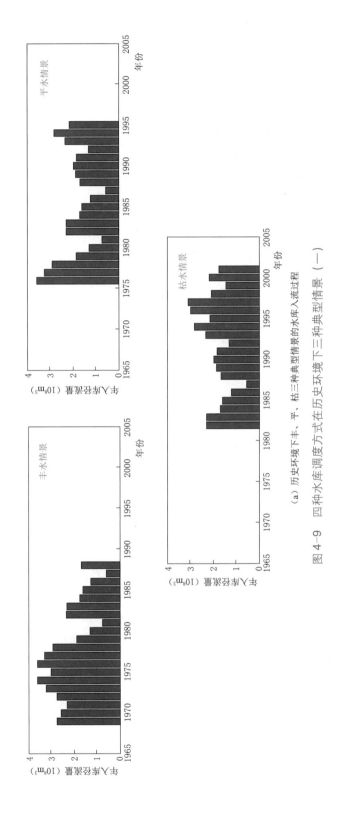

（a）历史环境下丰、平、枯三种典型情景的水库入流过程

图 4-9 四种水库调度方式在历史环境下三种典型情景（一）

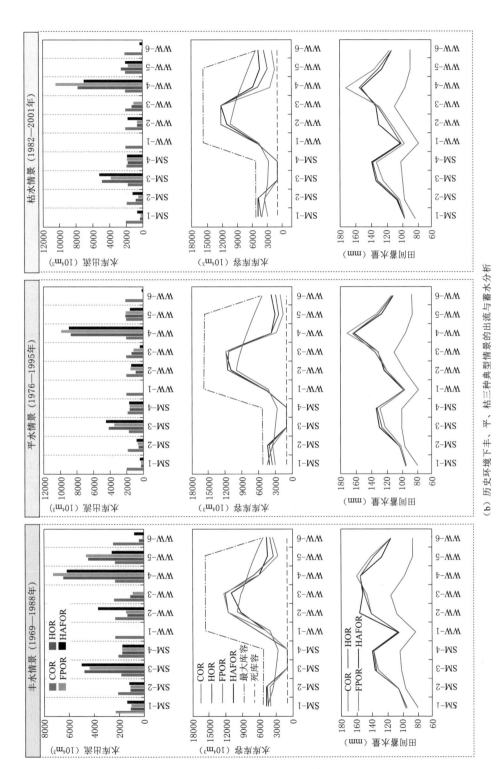

（b）历史环境下丰、平、枯三种典型情景的出流与蓄水分析

图 4-9　四种水库调度方式在历史环境下三种典型情景（二）

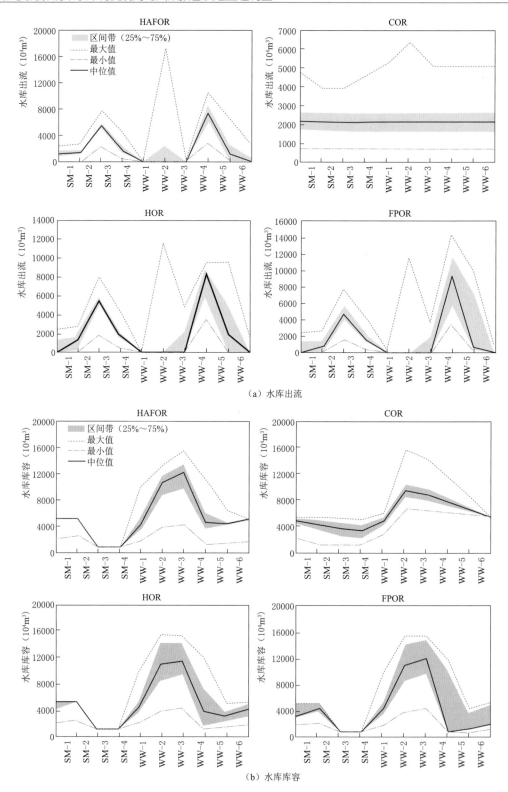

（a）水库出流

（b）水库库容

图 4-10　四种水库调度方式在未来不确定气候变化条件下的稳健性表现（一）

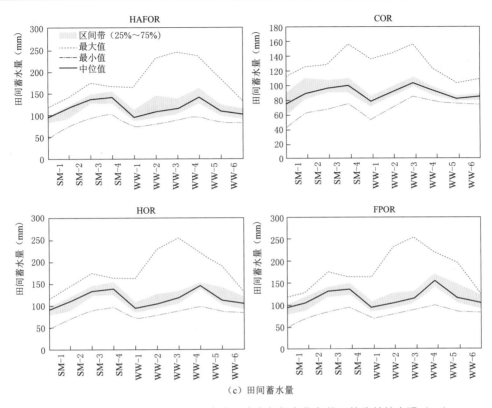

图 4-10　四种水库调度方式在未来不确定气候变化条件下的稳健性表现（二）

COR、HOR 和 FPOR。这一结果出现的原因主要在于 HAFOR 牺牲了田间过程的稳健性来换取更高的水库调度过程稳健性。但这一现象其实是有利于农田增加其自身的可利用水分的范围，从而来增强农田本身应对潜在极端干旱条件的能力与适应性。因此，HAFOR 是一个稳健的水库调度规则，能够有效减少由未来不确定的气候变化预测所引起的调度过程的剧烈波动。

4.6　总结

本章针对水库由历史环境向未来气候变化环境的平稳过渡问题，提出了兼顾历史—未来的水库调度规则（HAFOR）。为此，本书根据历史和未来两种环境下的多情景平均效益与多情景平均稳健性指标，构建了水库优化调度模型的目标函数，并利用历史效益权重、历史稳健性权重、未来效益权重、未来稳健性权重，将四个目标函数归一化为单目标函数，采用基于复形调优算法的参数化-模拟-优化方法，提取了兼顾历史—未来的水库调度规则。根据东武仕水库的研究案例，一方面比较了 HAFOR 与常规调度规则（COR）、历史调度规则（HOR）和未来调度规则（FPOR）在历史和未来两种环境下的多情景平均效益和多情景平均稳健性指标；另一方面从历史和未来、效益和稳健性两种角度评价了各个目标函数间的竞争关系。此外，还进一步讨论了 HAFOR 在历史环境下的调度过程和在未来不确定的气候变化条件下的稳健性表现。从而得到以下主要结论：

1）通过比较历史权重与未来权重、效益权重与稳健性权重，证明了历史环境下多情景平均效益、未来环境下多情景平均效益、历史环境下多情景稳健性指标、未来环境下多情景稳健性指标这四个目标函数之间是互斥的，从而表明了本书所构建的关于提取HAFOR模型的合理性。

2）相比于HOR和FPOR这两种调度方式，HAFOR不仅能够权衡历史和未来两种环境的效益，并且在历史和未来两种环境下均可取得更高的效益稳健性。HAFOR可以理解为HOR和FPOR的一种折中方式。在变化环境下，按照HAFOR方式实施水库调度决策，更有利于水库—农田系统的效益稳健性。

3）历史环境下三种典型情景的分析结果表明，相比于COR，HAFOR的实施对水库和田间均有显著的改善作用；HAFOR在水库的调度过程与HOR和FPOR不同，但对田间蓄水量的调蓄过程的影响没有明显差异。

4）在未来不确定的气候变化环境下，HAFOR比HOR和FPOR具有更稳健的水库调蓄能力，但对田间蓄水量造成了更大的不确定性影响。田间蓄水量的不确定性影响是有助于提高农田蓄水范围的，可使得农田自身应对不利环境的能力有所增强。

综上所述，HAFOR通过一种相对稳健、低风险的方式实施调度决策，以应对气候变化，从而实现水库由历史环境向未来气候变化环境的平稳过渡。

第 5 章　考虑水库调度方案长远应用
能力的多目标决策模型

5.1　引言

随着全球气温日益上升,气候变化对水资源的影响愈发显著,水资源管理正面临着极大的挑战[183]。水库是缓解与应对气候变化不利影响的有效工程措施。水库在经济社会的发展中同时兼具防洪、发电、生态、蓄水、航运、供水等多个功用,需要通过有效的调节手段来平衡不同方面的用水需求。多目标优化调度方法(Multi－objective Optimization,MO)是水库实现多个效益最优化必不可少的技术手段。近年来,智能启发式算法是求解水库多目标优化问题 Pareto 解集的一种有效方式,常见的算法有:带精英策略的快速非支配排序遗传算法(Non-dominated Sorting Genetic Algorithm－Ⅱ,NSGA－Ⅱ)[210]、多目标粒子群优化算法[211]、自适应 Borg 多目标优化算法[212]。多目标优化调度方法可以提供一系列 Pareto 非裂解,但在实际水库调度中,往往需要从其中选择一个最佳调度方案。但由于存在多个不可估量的、竞争性的目标,很难利用上述多目标优化方法直接确定最佳调度方案[23]。因此,需要借助多目标决策技术(Multi-Criteria Decision-Making,MCDM),在 Pareto 解集中选择最令人满意的调度方案。常见的 MCDM 技术包括:TOPSIS 法[213]、基于模糊理论的决策方法[214]、基于层次分析法的决策方法[215]、投影寻踪法[216]等。

目前,大多数关于水库多目标调度问题的研究都遵循着多目标先优化再决策(MO-MCDM)的框架,即:①使用多目标优化调度模型(MO)生成一系列可行且有效的 Pareto 非劣解;②根据多个评价指标对 Pareto 非劣解进行排序,利用多目标决策技术(MCDM)来确定最满意的调度方案。MO-MCDM 研究框架的使用群体主要分为两类:第一类群体,基于历史水文气象信息进行水库的多目标先优化再决策,据此确定出均衡多目标效益的、在历史实测条件下最满意的调度方案[20, 23, 181, 217];而第二类群体,侧重于分析气候变化对水库管理的负面影响,基于未来水文预测数据作为 MO-MCDM 框架的输入,确定出在未来气候变化环境下适应新环境的调度方案[148, 150, 179, 187, 218]。

虽然 MO-MCDM 研究框架简单易行,但该研究框架的应用存在着以下问题[219]:①第一类群体提供的最终决策结果在历史条件下表现最佳,但其在气候变化不确定环境下的表现是否会令人满意尚不可知;②第二类群体提供了能够应对气候变化不利影响的多目标决策结果,但受到预测模型的内在结构与初始条件等多种不确定性影响,这一类群体的研究结果在目前的水库调度实践中难以得到广泛的应用与认可;③两类群体存在一个共同的不足,即二者仅仅将注意力集中在过去或未来上,因此两组的最终决策结果是目光短浅的,忽略了决策方案的长期可应用价值[148]。值得注意的是,当前正处于"气候变化客观发生但相应预测技术尚有不足""预报调度中历史实测资料仍为主流依据"这一现实困境。因此，就我国气候变化影响下水库多目标调度的研究现状而言，迫切需要一种可靠、简便、经济的方法来确定具有长期可持续性、稳健适应性、均衡多目标效益的最优决策方案。

近年来，鉴于历史实测水文气象信息的可靠性与气候变化的不可忽略性，一些学者提出了稳健性决策方法，例如：稳健决策方法（Robust Decision Mmaking）[220]、实物期权分析法（Real Option Analysis）[221]、信息差距决策理论（Info-gap Decision Theory）[222]、决策扩展法（Decision Scaling）[140]、动态自适应性政策路径法（Dynamic Adaptive Policy Pathways）[223]。这些新方法具有自下而上、动态、稳健的决策过程，不仅采用了遗憾阈值，还纳入了决策者的偏好。但是，这些新兴方法存在复杂的计算过程以及因决策者经常调动所引起的频繁讨论与修正，在水资源管理的实践中难以得到真正的实施。

因此，针对 MO-MCDM 研究框架应用时面临的上述问题，本书提供了创新性解答，即提出了一种考虑水库调度方案长远应用能力的多目标决策模型（Multi-criteria decision-making of reservoir operation considering long-term applicability, LTA-MCDM），据此来探索性突破"气候变化客观发生但相应预测技术尚有不足"而使得"历史实测资料仍为主流依据"这种现实困境。LTA-MCDM 以可靠的历史水文气象信息作为获取 Pareto 解集的依据，然后考虑 Pareto 解集在未来气候变化环境下的适应能力，引入空间坐标系思想确定最佳调度决策结果，以确保最终得到的多目标均衡解不仅具有较优的历史使用价值和良好的未来适应能力，还能够均衡多个水库任务之间的效益。换言之，LTA-MCDM 不仅可以确保多目标之间的平衡关系，更有利于实现水库调度方式由历史环境向未来环境持续利用的价值。这一研究对气候变化影响下的水库多目标调度问题具有重要意义。

5.2 研究区域描述

5.2.1 三峡水库

三峡水库位于我国湖北省宜昌市（如图5-1所示），是长江干流上的大型综合水利枢纽。三峡水库的控制流域面积为100万km^2，多年平均流量为14 300m^3/s，多年平均径流量为4 510亿m^3。三峡水库正常蓄水位为175m，防洪限制水位为145m，兴利调节库容为165亿m^3，防洪库容为221.5亿m^3。三峡水库是一个兼具防洪、发电、航运、水资源利用等综合效用的大型水利水电工程。三峡大坝主要建筑物防洪标准以千年一遇洪水设计，以万年一遇洪水加10%校核。三峡水电站的总装机容量为2 250万kW，是我国西电东送工程中线的巨型电源点，有效地缓解了我国中部、东部城市的电力供应紧张局面。三峡水库的出流调节作用可以保护三峡下游河流生态环境，缓解河道环境污染危机。为了实现三峡水库的洪水资源化利用目的，三峡水库在汛末期具有蓄水任务，为枯水期的航运、供水提供有力保障。因此，本章主要讨论三峡水库在发电、生态、蓄水三个目标要求下的调度决策问题。

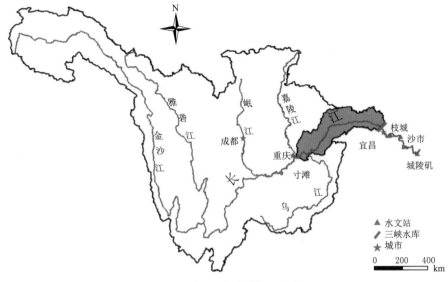

图 5-1　三峡水库流域概况示意图

5.2.2　研究数据

选取 1882—2008 年宜昌水文站的实测径流作为历史实测数据。以旬尺度作为计算步长。

未来气候变化的径流预测采用基于任意情景设置的径流预测的直接方式——Feng[73]提出的简单调整法。该方法认为：未来气候环境对径流的影响主要表现在径流分布形态的改变，主要是通过径流均值、径流 C_v 值、季节性三个特征参数体现。

5.2.2.1　简单调整法的数学描述

（1）均值变化

$$I_{i,j}^* = k_1 I_{i,j} \tag{5-1}$$

式中：$I_{i,j}^*$ 和 $I_{i,j}$ 分别为第 j 年第 i 时段的均值调整后和原始的径流值；k_1 为径流均值调整比例因子，例如：$k_1 = 0.8$ 表明均值减小 20%。

（2）C_v 值变化

$$I_{i,j}^* = k_2 I_{i,j} + (1 - k_2) \bar{I}_i \tag{5-2}$$

式中：$I_{i,j}^*$ 和 $I_{i,j}$ 分别为第 j 年第 i 时段的 C_v 值调整后和原始的径流值；$\bar{I}_i$ 为第 i 时段原始径流的多年平均值；k_2 为径流 C_v 值调整因子，例如：$k_2 = 1.2$ 表明 C_v 值增加 20%。

（3）季节性变化

年径流的季节性特征采用累积时间分布函数（The cumulative time distribution function，TDF）表示，该函数被定义为当前时段 a 之前的累积径流量与年径流总量的比值[79]，数学描述如下：

$$\mathrm{TDF}_j(a) = \frac{\sum_{i=1}^{a} I_{i,j}}{\sum_{i=1}^{n} I_{i,j}} \tag{5-3}$$

式中：$\mathrm{TDF}_j(a)$ 为在第 j 年中截至第 a 时段的累积时间分布函数；n 为每年的计算时段总数。

季节性变化主要是指年径流过程线的 TDF 中径流峰值位置发生改变。Nazemi[79] 假设 TDF 中的瞬时位移相对于峰值时间呈线性比例变化，最大位移发生在峰值处，而年径流过程线的始末时刻不发生移动。因此，实际入流过程线的 TDF 转移可以通过具有相同峰值流量的三角形入流过程线的位移来估计，其示意过程图如图 5-2 所示。TDF 在第 i 时段发生转移的数学描述为：

$$\mathrm{TDF}_j^*(i) = \mathrm{TDF}_j(i) - \mathrm{TDF}_j^{tri1}(i) + \mathrm{TDF}_j^{tri2}(i) \tag{5-4}$$

式中：$\mathrm{TDF}_j^*(i)$、$\mathrm{TDF}_j(i)$、$\mathrm{TDF}_j^{tri1}(i)$、$\mathrm{TDF}_j^{tri2}(i)$ 分别为季节性变化后的实际年径流水文过程线的 TDF、原始的实际年径流水文过程线的 TDF、原始径流三角形水文过程线的 TDF、季节性变化后的三角形水文过程线的 TDF。

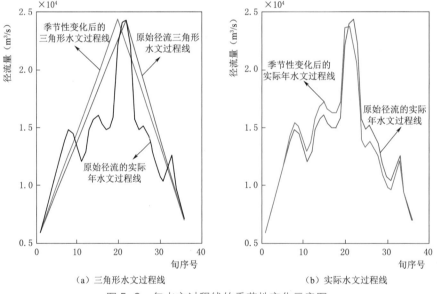

（a）三角形水文过程线　　　　　　　（b）实际水文过程线

图 5-2　年水文过程线的季节性变化示意图

根据季节性变化后的实际年径流水文过程线的 TDF，可以重建季节性变化后的实际年径流水文过程线，计算表达式如下：

$$I_{i,j}^* = \begin{cases} \mathrm{TDF}_j^*(i) \sum_{i=1}^{n} Q_{i,j} & i = 1 \\ [\mathrm{TDF}_j^*(i) - \mathrm{TDF}_j^*(i-1)] \sum_{i=1}^{n} I_{i,j} & i = 2,3,\cdots,n \end{cases} \tag{5-5}$$

式中：$I_{i,j}^*$ 和 $I_{i,j}$ 分别为第 j 年第 i 时段的季节性转移后、原始的径流值。

5.2.2.2　简单调整法的应用情况描述

基于均值变化（+20%、0、−20%）、C_v 值变化（+20%、0、−20%）、季节性变化（提前一个月、无移动、推迟一个月）的混合计算，形成表 5-1 所示的 26 种未来径流变化情景。

根据式（5-1）~式（5-5），26 种未来径流变化情景的具体计算思路如下：①仅考虑一个径流特征参数变化时，以历史实测径流为原始径流依据，根据式（5-1）或式（5-2）或式（5-3）~式（5-5）进行计算。②在考虑两个径流特征参数变化时，分为两类，第一类是，若同时调整径流的均值与 C_v 值，则首先以历史实测径流为原始径流依据，进行均值变化计算［按照式（5-1）］，然后再根据考虑了均值变化的径流，进行 C_v 值变化计算［按照式（5-2）］；第二类是，若同时调整径流均值/C_v 值与季节性，则首先以历史实测径流为原始径流依据，进行均值/C_v 值变化的计算［按照式（5-1）或式（5-2）］，然后再据此进行实现季节性变化的计算［按照式（5-3）~式（5-5）］。③在同时考虑三个径流特征参数变化中，首先以历史实测径流为原始径流依据进行均值变化计算，然后再进行 C_v 值变化的计算，最后根据同时考虑了均值、C_v 值变化的径流完成季节性变化的计算。

表 5-1　基于简单调整法计算的 26 种未来气候变化情景的径流特征参数变化描述

径流特征参数改变的数量	情景名称	均值变化（%）	C_v 值变化（%）	季节性变化
一个参数（A）	A1	−20	0	无
	A2	+20	0	无
	A3	0	−20	无
	A4	0	+20	无
	A5	0	0	提前
	A6	0	0	推迟
两个参数（B）	B1	−20	−20	无
	B2	−20	+20	无
	B3	+20	−20	无
	B4	+20	+20	无
	B5	−20	0	提前
	B6	−20	0	推迟
	B7	+20	0	提前
	B8	+20	0	推迟
	B9	0	−20	提前
	B10	0	−20	推迟
	B11	0	+20	提前
	B12	0	+20	推迟

径流特征参数 改变的数量	情景名称	均值变化（%）	C_v 值变化（%）	季节性变化
三个参数（C）	C1	−20	−20	提前
	C2	−20	−20	推迟
	C3	−20	+20	提前
	C4	−20	+20	推迟
	C5	+20	−20	提前
	C6	+20	−20	推迟
	C7	+20	+20	提前
	C8	+20	+20	推迟

5.3 考虑水库调度方案长远应用能力的多目标决策模型构建

5.3.1 技术框架概述

本书所提出的 LTA-MCDM 的技术框架如图 5-3 所示。该框架主要由以下 4 个部分构成：①基于历史实测径流，以发电、生态、蓄水三个目标的效益最大化为目标函数，采用基于 NSGA-II 算法的多目标优化方法获得 Pareto 解集；②考虑调度方案在未来时期的可利用性，针对发电、生态、蓄水三个目标的效益与风险，构建评价指标矩阵；③由于在历史优化效益和未来评价矩阵中均考虑了发电、生态、蓄水三个目标，故利用可视化分析技术对目标之间的相互关系进行定性识别，并借助结构方程模型对目标之间的相互关系进行定量计算；④构建基于空间坐标系思想的多目标决策方程，据此在 Pareto 解集中确定出最佳调度方案。如下各小节会详细介绍四个部分的具体计算过程。

5.3.2 多目标优化调度模型

5.3.2.1 目标函数

多目标优化调度模型以历史实测径流为输入，以发电、生态、蓄水的效益最大化为目标函数，计算公式如下所列。

（1）发电效益最大化

发电效益以多年平均发电量表示，表达式如下：

$$\text{Max} \quad B^{\text{pow}} = \frac{1}{m} \sum_{j=1}^{m} \sum_{i=1}^{n} P_{i,j} \Delta t_{i,j} \tag{5-6}$$

式中：B^{pow} 为多年平均发电量；m 和 n 分别为调度总年数、每年的调度时段总数；$\Delta t_{i,j}$ 为每个调度时段的时间长度；$P_{i,j}$ 为第 j 年第 i 时段的发电出力，其计算公式如下：

$$P_{i,j} = \min(\eta Q_{i,j} H_{i,j}, P_{\text{max}}) \tag{5-7}$$

式中：η 为综合发电系数；$Q_{i,j}$ 为第 j 年第 i 时段的水库出流；$H_{i,j}$ 为净水头，是上游水库

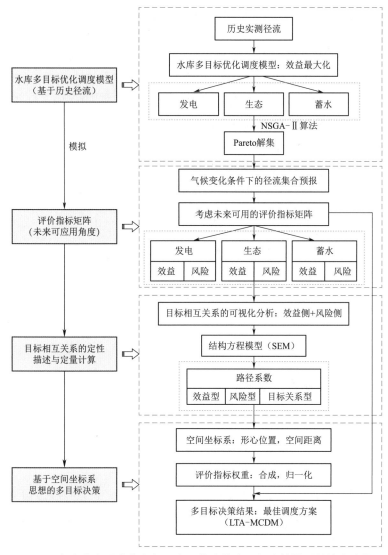

图 5-3　考虑水库调度方案长远应用能力的多目标决策模型的技术路线图

水位与下游尾水位的函数；$P_{\max}$ 为发电机组的最大出力值。

（2）生态效益最大化

生态效益以生态保证率表示，生态保证率是通过水库实际出流与最小生态流量、适宜生态流量比较计算得到的，表达式如下：

$$\text{Max} \quad B^{\text{eco}} = \frac{1}{m} \sum_{j=1}^{m} \sum_{i=1}^{n} \Lambda_{i,j} \tag{5-8}$$

$$\Lambda_{i,j} = \begin{cases} 0 & Q_{i,j} < Q_i^{\text{eco,min}} \\ \dfrac{Q_{i,j} - Q_i^{\text{eco,min}}}{Q_i^{\text{eco,pro}} - Q_i^{\text{eco,min}}} & Q_i^{\text{eco,min}} \leq Q_{i,j} < Q_i^{\text{eco,pro}} \\ 1 & Q_{i,j} \geq Q_i^{\text{eco,pro}} \end{cases} \tag{5-9}$$

式中：B^{eco} 为多年平均生态效益；$\Lambda_{i,j}$ 为第 j 年第 i 时段的生态保证率，是一个与最小生态流量 $Q_i^{\text{eco,min}}$ 和适宜生态流量 $Q_i^{\text{eco,pro}}$ 有关的分段线性函数；最小生态流量 $Q_i^{\text{eco,min}}$ 为天然状态下水生生物所能容忍的干旱的极限，取值为第 i 时段的多年径流资料系列中的最小流量值；适宜生态流量 $Q_i^{\text{eco,pro}}$ 高于最小生态流量，表征生态系统不适宜的临界的状态，其计算采用逐月频率法[224]；取枯水期（12—3 月：90%）、平水期（4、10、11 月：70%）、丰水期（5—9 月：50%）不同保证率条件下的径流过程。

（3）蓄水效益最大化

蓄水效益主要由汛末蓄水期结束时（End of Refilling Period，ERP）的蓄满率体现，即通过比较汛末蓄水期结束时的实际蓄水量与预设蓄水量计算得到[225]，表达式如下：

$$\text{Max} \quad B^{\text{stor}} = \frac{1}{m} \sum_{j=1}^{m} \left(\frac{V_{t_{\text{ERP}},j} - V_{t_{\text{ERP}},\min}}{V_{t_{\text{ERP}},\max} - V_{t_{\text{ERP}},\min}} \right) \tag{5-10}$$

式中：B^{stor} 为多年平均蓄水效益；t_{ERP} 为汛末蓄水期结束的时间点；$V_{t_{\text{ERP}},\max}$ 和 $V_{t_{\text{ERP}},\min}$ 分别为汛末蓄水期结束时的最大库容、最小库容，分别对应正常蓄水位与死水位；$(V_{t_{\text{ERP}},j} - V_{t_{\text{ERP}},\min})$ 和 $(V_{t_{\text{ERP}},\max} - V_{t_{\text{ERP}},\min})$ 分别为汛末蓄水期结束时的实际水库蓄水量、预设的水库蓄水量。

5.3.2.2 约束条件

水库调度约束条件包括水库水量平衡、水库库容约束、水库出流约束、水库出力约束，数学公式如下所示。

（1）水库水量平衡

$$\begin{cases} V_{i+1,j} = V_{i,j} + (I_{i,j} - Q_{i,j})\,\Delta t_{i,j} \\ V_{1,j+1} = V_{n+1,j} \end{cases} \quad \forall i,j \tag{5-11}$$

式中：$V_{i,j}$ 和 $V_{i+1,j}$ 分别为第 j 年第 i 时段的始、末水库库容；$V_{1,j+1}$ 为第 $j+1$ 年的水库初始库容；$I_{i,j}$ 为第 j 年第 i 时段的水库入流；$Q_{i,j}$ 为第 j 年第 i 时段的水库出流。

（2）水库库容约束

$$V_{i,\min} \leqslant V_{i,j} \leqslant V_{i,\max} \quad \forall i,j \tag{5-12}$$

式中：$V_{i,\max}$ 和 $V_{i,\min}$ 分别为第 i 时段的水库库容上限和下限。

（3）水库出流约束

$$Q_{\min} \leqslant Q_{i,j} \leqslant Q_{\max} \quad \forall i,j \tag{5-13}$$

式中：$Q_{\max}$ 和 $Q_{\min}$ 分别为水库出流的上限和下限。

（4）水库出力约束

$$P_{\min} \leqslant P_{i,j} \leqslant P_{\max} \quad \forall i,j \tag{5-14}$$

式中：$P_{\max}$ 和 $P_{\min}$ 分别为水库出力的上限和下限。

5.3.2.3 基于 NSGA-Ⅱ算法的直接策略搜索方法

采用基于 NSGA-Ⅱ算法的直接策略搜索方法[47, 210]求解多目标优化问题。NSGA-Ⅱ算法是一种广泛应用的、以非支配排序为基础的启发式方法，采用了精英保留策略和无优先选择的共享参数。基于 NSGA-Ⅱ算法的直接策略搜索方法是参数化－模拟－优化方法[21, 193]在多目标优化问题上的一种拓展应用，其计算思路是：对于预设的水库调度规则形式，将水库调度规则参数作为优化变量，采用 NSGA-Ⅱ算法来优化参数，然后基于优化参数的调度规则来模拟水库调度过程，计算多个目标函数值，进而形成 Pareto 解集。因此，所得到的 Pareto 解集中每一个解，代表着一组水库调度规则优化参数结果及其相应的多目标函数值。本书研究案例中 NSGA-Ⅱ算法的参数设置为：种群数量为 200，优化代数为 1 500，交叉概率为 0.9，变异概率为 0.1，优化目标函数的数量为 3。根据现有关于三峡水库调度规则研究和简单易行计算优势[21, 73]，这里采用线性调度规则，数学描述如下：

$$Q_{\hat{}i,j} = a_i (V_{i,j}/\Delta t_{i,j} + I_{i,j}) + b_i \qquad \forall i, j \tag{5-15}$$

式中：$Q_{\hat{}i,j}$ 为基于调度规则计算的水库出流；$(V_{i,j}/\Delta t_{i,j} + I_{i,j})$ 为第 i 时段的水库可用水量；a_i 和 b_i 为调度规则的两个参数，随着调度时段 i 的变化而改变，优化范围分别为 $[0, 200]$ 和 $[-80\,000, 20\,000]$。

5.3.3　基于未来可用角度的评价指标矩阵

根据未来所有气候变化情景下的预测径流结果，基于第 5.3.2 节得到的 Pareto 解集结果，进行模拟调度，针对发电、生态、蓄水三个目标，在未来多情景平均效益与未来多情景平均风险两个方面，可以构建一个评价指标矩阵。考虑到未来气候变化具有不确定性，在评价指标矩阵中考虑 Pareto 非裂解在未来应用的平均风险，能够使得所确定的最佳调度方案具有良好的规避风险能力。通过发电、生态、蓄水三个目标在未来效益与风险两个方面的计算，可以构建出如下的评价指标矩阵：

$$(EC_{F \times L}) = \begin{bmatrix} ec_{1,1} & \cdots & ec_{1,l} & \cdots & ec_{1,L} \\ \vdots & & \vdots & & \vdots \\ ec_{f,1} & \cdots & ec_{f,l} & \cdots & ec_{f,L} \\ \vdots & & \vdots & & \vdots \\ ec_{F,1} & \cdots & ec_{F,l} & \cdots & ec_{F,L} \end{bmatrix} \tag{5-16}$$

式中：$ec_{f,l}$ 为第 l 个 Pareto 解在第 f 个评价指标的计算结果；L 为 Pareto 非裂解的总数，与 NSGA-Ⅱ的种群数量相同，即本书研究案例取值为 200；F 为评价指标的总数，本书研究案例的评价指标数量为 6 个，具体计算见式（5-17）~ 式（5-23）；当 $f = 1$、3、5 时分别表示 Pareto 解集在未来环境下的多情景平均的发电效益 $\overline{B}^{\text{pow}}$、生态效益 $\overline{B}^{\text{eco}}$、蓄水效益 $\overline{B}^{\text{stor}}$；而当 $f = 2$、4、6 时分别表示 Pareto 解集在未来环境下的多情景平均的发电风险 R^{pow}、生态风险 R^{eco}、蓄水风险 R^{eco}。

对于上述所构建的评价指标矩阵，从效益侧指标（奇数行）和风险侧指标（偶数行）分别给出如下详细的数学解释：

（1）未来环境下的多情景平均效益（适用于发电、生态、蓄水三个目标）

$$\overline{B}^{\text{type}} = \frac{1}{s} \sum_{k=1}^{s} B_k^{\text{type}} \tag{5-17}$$

式中：$\overline{B}^{\text{type}}$ 为未来环境下的多情景平均效益，其中的上标 type 代指目标类型，包括发电

pow、生态 eco、蓄水 stor；B_k^{type} 为 type 类目标在第 k 个未来气候变化情景下的多年平均效益，计算表达式可见式（5-6）至式（5-10）；s 为未来气候变化情景总数。

（2）未来环境下的多情景平均风险（适用于发电、生态、蓄水三个目标）

$$\overline{R}^{\text{type}} = \frac{1}{s} \sum_{k=1}^{s} R_k^{\text{type}} \tag{5-18}$$

式中：$\overline{R}^{\text{type}}$ 为未来环境下的多情景平均风险，其中上标 type 代指目标类型，包括发电 pow、生态 eco、蓄水 stor；R_k^{type} 为 type 类目标在第 k 个未来气候变化情景下的多年平均风险，针对发电、生态和蓄水的具体计算表达式为：

1）发电风险。

$$R_k^{\text{pow}} = \frac{1}{m \times n} \sum_{j=1}^{m} \sum_{i=1}^{n} \alpha_{i,j,k} \tag{5-19}$$

$$\alpha_{i,j,k} = \begin{cases} 0 & P_{i,j,k} < P_{\text{firm}} \\ 1 & P_{i,j,k} \geq P_{\text{firm}} \end{cases} \tag{5-20}$$

式中：R_k^{pow} 为第 k 个未来气候变化情景下的多年平均发电风险；$\alpha_{i,j,k}$ 为发电风险因子，当实际出力值 $P_{i,j,k}$ 小于保证出力 P_{firm} 时，则存在风险取值为 1，否则取值为 0。

2）生态风险。

$$R_k^{\text{eco}} = \frac{1}{m \times n} \sum_{j=1}^{m} \sum_{i=1}^{n} \beta_{i,j,k} \tag{5-21}$$

$$\beta_{i,j,k} = \begin{cases} 0 & Q_{i,j,k} \geq Q_i^{\text{eco,pro}} \\ \dfrac{Q_i^{\text{eco,pro}} - Q_{i,j,k}}{Q_i^{\text{eco,pro}} - Q_i^{\text{eco,min}}} & Q_i^{\text{eco,min}} \leq Q_{i,j,k} < Q_i^{\text{eco,pro}} \\ 1 & Q_{i,j,k} < Q_i^{\text{eco,min}} \end{cases} \tag{5-22}$$

式中：R_k^{eco} 为第 k 个未来气候变化情景下的多年平均生态风险；$\beta_{i,j,k}$ 为发电风险因子，取值大小由水库实际出流与最小生态流量、适宜生态流量决定。

3）蓄水风险。

$$R_k^{\text{stor}} = \frac{1}{m} \sum_{j=1}^{m} \delta_{j,k} \tag{5-23}$$

$$\delta_{j,k} = \begin{cases} 0 & V_{t_{\text{ERP}},j,k} < V_{t_{\text{ERP}},\max} \\ 1 & V_{t_{\text{ERP}},j,k} \geq V_{t_{\text{ERP}},\max} \end{cases} \tag{5-24}$$

式中：R_k^{stor} 为第 k 个未来气候变化情景下的多年平均蓄水风险；$\delta_{j,k}$ 为蓄水风险因子，当汛末蓄水期结束时的实际水库库容 $V_{t_{\text{ERP}},j,k}$ 小于要求的兴利库容 $V_{t_{\text{ERP}},\max}$ 时，则存在风险取值为 1，否则取值为 0。

5.3.4 目标相互关系的定性分析与定量计算

对于一般的 MO-MCDM 问题的求解思路，评价指标矩阵往往是不同于目标函数的，如选取脆弱性指标、回弹性指标等；并认为每个评价指标类型之间是相互独立的，进而采用传统的多目标决策方法，确定出最佳调度方案。然而，本书所研究的 MO-MCDM 问题，考虑了发电、生态、蓄水三个目标在历史环境下的效益最大化，并且为了实现决策结果能够继续应用于未来环境，评价指标矩阵也是针对这三个目标而构建的。这种存在于历史多目标优化调度的目标函数与基于未来可用角度的评价指标矩阵之间的计算相似性，使得我们在进行多目标决策前，需要分析目标相互关系对决策结果的影响。因此，我们需要首先利用可视化分析技术定量识别出目标相互关系及其传递规律，然后借助结构方程模型对目标关系进行量化计算，为之后基于空间坐标系思想的多目标决策提供计算基础。

5.3.4.1　目标相互关系的可视化分析

可视化分析技术是一种常见且有效地定性识别目标相互关系的方法[226, 227]，即通过绘制目标关系图的方式来了解目标之间的相互关系。在本书研究中，可视化分析的作用包括：①根据 Pareto 解集的历史优化效益结果，定性识别出发电、生态、蓄水三个目标之间的相互关系；②根据评价指标矩阵中发电、生态、蓄水在效益侧和风险侧的可视化分析，理解发电—生态—蓄水三者相互关系是否存在着由历史优化到未来评价的传递。如果这种相互关系也存在于评价指标矩阵中，则需要对指标权重进行修正，反之，则可以直接采用常见的指标权重量化方法（如熵权法、层次分析法）；③佐证基于结构方程模型的量化计算结果的合理性。

5.3.4.2　基于结构方程模型对目标相互关系的量化计算

结构方程模型是基于变量协方差矩阵来分析变量之间关系的一种统计方法。结构方程模型由两个部分组成[228, 229]：一是用于反映观测变量与潜变量之间关系的测量模型；二是用于揭示各潜变量之间关系的结构模型。观测变量是对某一事物的具体观测与量化，潜变量是对该事物的宏观概述，由若干观测变量共同体现。在水资源管理中，观测变量通常指削峰量、发电风险率、发电量等能够直接测量指标，潜变量通常指防洪、发电等目标，它们需要通过削峰量、发电风险率、发电量等这些观测变量（指标）间接反映。结构方程模型是通过路径图描述的，在路径图中，观测变量用矩形表示，潜变量用椭圆或圆形表示，各元素符号之间由箭头连接。在结构方程模型中，描述观测变量与潜变量之间关系的参数 λ、描述不同潜变量之间相互关系的参数 γ，均被称为路径系数。

结构方程模型具有以下三个优点：①建立在一定的理论基础上，具有理论先验性；②计算变量关系的同时，考虑了测量过程产生的误差和测量信度的概念；③参考的指标侧重多参数标准和表征整体性的系数。结构方程模型的建模求解思路如图 5-4 所示，具体步骤包括：①机理研究，即分析研究对象在统计学和应用实际中的机理；②模型构建，即根据研究问题的特点，构建出结构方程模型的理论模型，并预估变量之间的关系；③模型拟合，即借

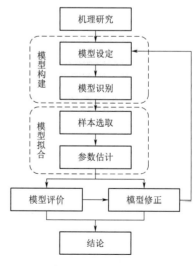

图 5-4　结构方程模型的建模求解过程

助广义最小二乘法、贝叶斯估计法、极大似然法等参数估计方法，得到所构建模型中各个参数的估计值；④模型评价，主要检查迭代估计是否收敛、各参数估计值是否在合理范围内、参数与预设模型的关系是否合理、模型的拟合程度是否良好；⑤模型修正，即对所构建模型进行拟合性检验，若发现模型数据与实际情况相偏离数据，则修正该模型，然后再检验，通过不断重复此过程获得一个拟合性好且解释合理的模型。

目前，结构方程模型建模求解过程可以直接借助软件 AMOS 完成[228, 229]。关于结构方程模型的通用数学描述和 AMOS 软件操作等细节，可详见参考文献 ［229］。

针对本书所研究的问题，如果三个目标之间的相互关系存在着由历史优化（MO）向未来评价决策（MCDM）的传递，则需要借助结构方程模型定量化地修正评价指标权重。为此，绘制了结构方程模型的路径关系图，如图 5-5 所示。该图中，发电、生态、蓄水三个目标为潜变量，三个目标在未来环境的效益与风险为观测变量；红色矩形框为测量模型，旨在说明每个目标是通过效益与风险进行描述的，其误差用 e_1，…，e_6 表示；而蓝色矩形框为结构模型，旨在研究发电、生态、蓄水三个目标之间的相互关系。在图 5-5 中，测量模型的路径系数分为效益型路径系数（λ_{11}，λ_{12}，λ_{13}）和风险型路径系数（λ_{21}，λ_{22}，λ_{23}），分别表征效益和风险对目标描述能力的大小；而结构模型的路径系数（γ_{12}，γ_{23}，γ_{31}）称为目标相互关系型路径系数，该路径系数 γ 表示在同时考虑三个目标影响情况下两两目标之间的相关性。通过 AMOS 软件，采用广义最小二乘法，对所构建的结构方程模型进行求解，然后对求解结果进行合理性检查，主要检查内容有：①参数计算结果的检查。测量模型部分的路径系数 λ 的合理范围为 ［0，1］，且 λ 越大则表明该观测变量对潜变量的描述能力越强；结构模型的路径系数 γ 的合理范围为 ［-1，1］，如果 γ 取值为正，则表明两个潜变量之间正相关，反之为负相关，并且 γ 的绝对值越大，相关性越强。②模型拟合程度的检查。主要以标准化卡方值 NC、拟合优度指标 GFI、标准化拟合指标 NFI 作为衡量指标，三者对应的允许范围分别为 ［0，2］、［0.9，1.0］、［0.9，1.0］。

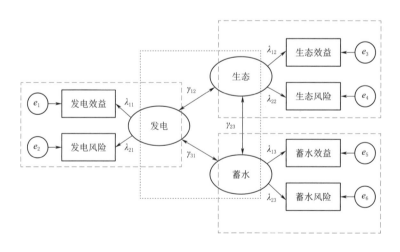

图 5-5 水库多目标调度决策问题的路径关系图

5.3.5　基于空间坐标系思想的多目标决策

针对式（5-16）所示的评价指标矩阵，为了在 Pareto 解集中确定出适用于历史和未来两种环境，能够均衡发电、生态、蓄水三个目标的最佳调度方案，需要对发电、生态、蓄水三个目标在效益和风险两个方面给出相应的指标权重值。值得注意的是，如果在评价指标矩阵中存在着目标相互关系的影响（可通过可视化分析结果直接得到），那么，指标权重的计算需要进行修正，以保证评价指标之间尽可能相互独立，从而降低目标相互关系对决策结果的影响。第 5.3.4 节中的结构方程模型，将可视化分析呈现出的定性化目标关系进行量化计算；并考虑到结构方程模型中潜变量之间的路径系数（即目标相互关系的计算结果）范围在 $[-1, 1]$ 之间的特点，结合空间坐标系具有良好的处理负数问题的能力，对此，建立以目标类型为坐标轴的空间坐标系；进而，将目标相互关系的影响折算到评价指标的权重中，提出相应的多目标决策方程，据此来确定出最佳调度方案。

5.3.5.1　基于空间坐标系思想的评价指标权重计算

（1）空间坐标系

由图 5-5 所示的结构方程模型路径关系可知，结构方程模型是以发电、生态、蓄水三个目标作为潜变量的，故而空间坐标系相应地将发电、生态、蓄水三个目标作为 x、y、z 坐标轴。对应于结构方程模型计算得到的效益型、风险型、目标相互关系型路径系数，转换为表 5-2 所示的系列坐标点 A、B、C，并绘制于所构建的空间坐标系中，示意位置如图 5-6（a）所示。在所构建的空间坐标系中，坐标轴上的点表示效益/风险与目标之间的关系；平面对角线（$y=x$、$z=y$、$x=z$）上的点表示两个目标之间的相互关系；空间坐标系中其他的点则表示三个目标在效益侧/风险侧共同相互作用的结果，可以通过该点在各个坐标轴上的投影了解每个目标的影响。基于空间坐标点，进一步构建空间平面和计算空间距离，具体思路介绍已嵌入到后续评价指标权重计算的步骤中。

表 5-2　结构方程模型的路径系数及其在空间坐标系中的相应点坐标

目标类型	结构方程模型的路径系数			图 5-6（a）中空间坐标系各点的坐标描述		
	效益型	风险型	目标相互关系型	效益型	风险型	目标相互关系型
发电	λ_{11}	λ_{21}	γ_{12}	$B_1\,(\lambda_{11}, 0, 0)$	$C_1\,(\lambda_{21}, 0, 0)$	$A_1\,(\gamma_{12}, \gamma_{12}, 0)$
生态	λ_{12}	λ_{22}	γ_{23}	$B_2\,(0, \lambda_{12}, 0)$	$C_2\,(0, \lambda_{22}, 0)$	$A_2\,(0, \gamma_{23}, \gamma_{23})$
蓄水	λ_{13}	λ_{23}	γ_{31}	$B_3\,(0, 0, \lambda_{13})$	$C_3\,(0, 0, \lambda_{23})$	$A_3\,(\gamma_{31}, 0, \gamma_{31})$

注：路径系数 λ_{pq} 表示观测变量对相应的潜变量的描述能力，其下标 p 表示类型（1—效益型、2—风险型），q 表示目标（1—发电、2—生态、3—蓄水）；路径系数 γ_{pq} 表示两个目标之间的相互关系，其下标 p 和 q 均表示目标（1—发电、2—生态、3—蓄水）。

（2）评价指标权重的计算

针对如图 5-6（a）所构建的空间坐标系和结构方程模型计算结果的特点，评价指标权重的计算步骤描述如下：

Step1：计算在三个目标共同影响下效益侧、风险侧、目标相互关系侧的平均表现效果。这一平均表现效果通过平面形心而体现。计算思路是，首先以效益型空间坐标点（B_1，B_2，B_3）、风险型空间坐标点（C_1，C_2，C_3）、目标相互关系型空间坐标点（A_1，A_2，A_3），构成对应的效益平面、风险平面、目标相互关系平面，如图 5-6（b）所示；然后，考虑到形心是一个有限平面的几何平均值这一特点，利用空间定比分点计算公式，求得每个平面的形心坐标［即图 5-6（c）中的点 M、点 N、点 O］。

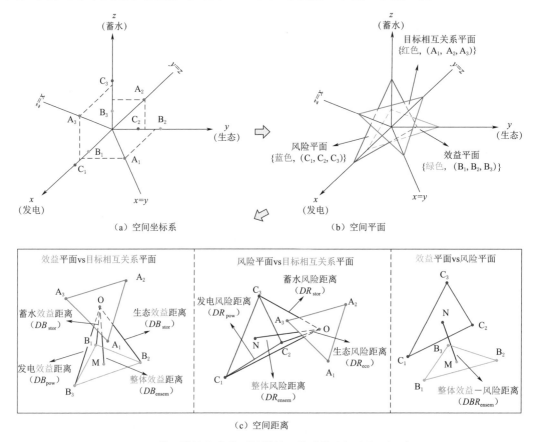

图 5-6　基于结构方程模型计算结果构建的空间坐标系示意图

Step2：分析在三个目标共同影响下效益/风险对目标相互关系的贡献能力。从整体上分析效益/风险对目标相互关系的贡献能力，本质是了解多目标决策体系内在的效益/风险对目标相互关系的影响大小。这一贡献能力是通过形心之间的空间欧氏距离计算得到［如图 5-6（c）所示］，被记作整体效益距离 DB_{ensem}、整体风险距离 DR_{ensem}。而效益与风险内在的相互影响被称为整体效益—风险距离 DBR_{ensem}。

Step3：计算每个目标类型的效益或风险对目标相互关系的贡献能力。由于目标相互关系是同时考虑三个目标影响情况下的任意两个目标之间相关性的计算结果，故我们根据表征三个目标共同影响下的目标相互关系侧的平均表现效果——目标关系平面的形心点，通过计算该形心与位于各个坐标轴上各点之间的空间欧氏距离［如图 5-6（c）所示］，确定出每个目标类型的效益或风险对目标相互关系的贡献能力。因而，这些贡献能力包括：发电效益距离 DB_{pow}、发电风险距离 DR_{pow}、生态效益距离 DB_{eco}、生态风险距离

DR_{eco}、蓄水效益距离 DB_{stor}、蓄水风险距离 DR_{stor}。

Step4：基于 Step2 中的整体距离和 Step3 中的各自效益/风险距离，可以确定出评价指标矩阵中发电、生态、蓄水三个目标在效益与风险两个方面的权重值。该权重值表示着每个目标类型在效益侧/风险侧的内在放大能力，是处理目标间相互关系影响的结果，其计算表达式如下：

效益型权重 $\qquad \omega_f = \dfrac{\rho_f \cdot DB_f}{DB_{\text{ensem}}+\varepsilon \cdot DBR_{\text{ensem}}} \qquad f=1,3,5 \qquad (5\text{-}25)$

风险型权重 $\qquad \omega_f = \dfrac{\rho_f \cdot DR_f}{DR_{\text{ensem}}+\varepsilon \cdot DBR_{\text{ensem}}} \qquad f=2,4,6 \qquad (5\text{-}26)$

式中：ω_f 为第 f 个评价指标的合成权重；$(DB_{\text{ensem}}+\varepsilon \cdot DBR_{\text{ensem}})$、$(DR_{\text{ensem}}+\varepsilon \cdot DBR_{\text{ensem}})$ 分别为系统总体的效益型距离、系统总体的风险型距离；ε 为效益—风险相互影响因子，本书研究案例取值为 0.000 1，即不考虑效益与风险之间的相互影响；ρ_f 为决策者偏好因子，表示决策者偏好在效益侧和风险侧的乘积，而本书研究案例取值为 1，即采用客观权重的方式来确定多目标决策结果，但在其他区域应用的研究中，需根据实际情况给出合理值。对上述权重进行归一化计算如下：

$$\omega_f^* = \omega_f \Big/ \sum_{f=1}^{F} \omega_f \qquad (5\text{-}27)$$

式中：ω_f^* 为式（5-16）中第 f 个评价指标的归一化权重，且满足 $\sum_{f=1}^{F} \omega_f^* =1$。

5.3.5.2　多目标决策计算方程

结合式（5-16）的评价指标矩阵和式（5-27）的归一化权重，构建如式（5-28）所述的多目标决策方程，据此在 Pareto 解集中确定出最佳调度方案 LTA - MCDM。由式（5-28）可以看出，LTA-MCDM 具有更好的多目标效益获取能力和相应风险的规避能力；并且，基于 LTA-MCDM 的设计结构可知，该调度方案具有良好的长久利用价值，能够实现历史较优且未来可用的目的，是确保多目标任务型水库完成从历史环境向未来变化条件的平稳过渡的一种方式。多目标决策计算方程的数学描述如下：

$$\text{Max}\quad opt_l = \left\{ \sum_{f=1,3,5}\left(\omega_f^* \times \frac{ec_{f,l}}{ec_{f,\max}}\right)^2 + \sum_{f=2,4,6}\left[\omega_f^* \times (1-ec_{f,l})\right]^2 \right\} \qquad (5\text{-}28)$$

式中：opt_l 为第 l 个 Pareto 解的多目标决策结果因了，其最大值即为最佳调度方案 LTA - MC-DM；$\sum_{f=1,3,5}\left(\omega_f^* \times \frac{ec_{f,l}}{ec_{f,\max}}\right)^2$ 为所有效益型评价指标的加权和；$\sum_{f=2,4,6}\left[\omega_f^* \times (1-ec_{f,l})\right]^2$ 为所有风险规避型评价指标的加权和。

5.4 基于模糊优选决策模型的两种比较方案

5.4.1 模糊优选决策模型

模糊优选决策模型[214, 230]（Fuzzy Optimum Selection‑Method，FOS）是一种常见的多目标决策方法，是评价 LTA‑MCDM 的参考标准。该模型采用模糊数学方法，通过计算相对优属度和评价指标权重，在多目标决策问题中确定出最佳决策结果。模糊优选决策模型具有稳健的逻辑结构与基于模糊数学的计算能力，其计算的基本原理可见参考文献[214, 230]。模糊优选决策模型的决策方程为：

$$\text{Max } u_l = \left\{ 1 + \frac{\sum\limits_{f=1}^{F} \left[\varphi_f (g_f - nv_{f,l}) \right]^2}{\sum\limits_{f=1}^{F} \left[\varphi_f (nv_{f,l} - b_f) \right]^2} \right\}^{-1} \tag{5-29}$$

式中：u_l 为相对隶属度值，其最大值对应的决策方案即为采用模糊优选决策模型确定的最佳调度方案，记为 FOS；φ_f 为基于熵权法[231]计算的第 f 个评价指标的权重值；g_f 和 b_f 分别为最理想决策和最不理想决策在第 f 个评价指标的取值，取值为 $g_f = 1$ 和 $b_f = 0$；$nv_{f,l}$ 为第 l 个 Pareto 非裂解在第 f 个评价指标上的相对优属度值，是对评价指标矩阵标准化计算结果，其计算式如下：

效益型指标
$$nv_{f,l} = \frac{ec_{f,l} - ec_{f,\min}}{ec_{f,\max} - ec_{f,\min}} \tag{5-30}$$

风险型指标
$$nv_{f,l} = \frac{ec_{f,\max} - ec_{f,l}}{ec_{f,\max} - ec_{f,\min}} \tag{5-31}$$

式中：$ec_{f,l}$ 为第 l 个 Pareto 非裂解在第 f 个评价指标上的评价指标值；$ec_{f,\max}$ 和 $ec_{f,\min}$ 分别为第 f 评价指标的最大值和最小值。

5.4.2 基于历史和未来两个评价角度的 FOS 决策方式

本书研究案例采用的比较基准包括：①将式（5-16）所示的基于未来可应用角度的评价指标矩阵，直接应用于第 5.4.1 节介绍的模糊优选决策模型中，确定出最佳调度方案，记为 FOS‑1。尽管 FOS‑1 与 LTA‑MCDM 均是立足于历史较优且未来可用的角度上得到的方案，但不同的是，FOS‑1 中未考虑目标关系对权重的影响，即直接假定每个指标权重是相互独立的，而 LTA‑MCDM 中却考虑了目标关系对权重的影响。②仅仅着眼于以历史多目标优化的 Pareto 解集本身，直接将发电、生态、蓄水三者的历史优化效益作为评价指标，采用第 5.4.1 节介绍的模糊优选决策模型，确定出最佳调度方案，记为 FOS‑2。该调度方案侧重考虑了方案在历史实测条件的表现，忽略了方案在未来变化环境下的应用能力，但这种方式在工程实践中常被采用。

5.5　结果与分析

5.5.1　未来气候变化情景分析

　　未来气候变化情景主要基于任意情景设置的径流预测的直接方式，重点考虑了径流均值、C_v 值、季节性三个特征参数的综合变化（如表 5-1 所示）。本书研究案例中，利用简单调整法对历史实测径流特征参数进行改变以及对相应径流序列进行重构，得到未来气候变化情景下的径流结果如图 5-7 所示。由图 5-7 可以看出，相比于历史实测径流的多年平均情况，未来气候变化情景在均值、C_v 值、季节性三个特征上的变化均是显著的；所构成的整体变化范围广泛，体现了未来气候变化情景预测的不确定性。

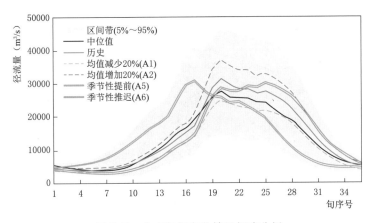

图 5-7　未来气候变化情景径流分析

5.5.2　多目标相互关系的可视化描述

　　通过对发电、生态、蓄水三个目标在历史效益、未来效益与风险的可视化分析，得到三个目标之间的相互关系，如图 5-8 所示。由图可见，发电与生态、生态与蓄水均为冲突关系，而蓄水与发电为协同关系。并且，发电、生态、蓄水三个目标之间的相互关系不仅存在于历史多目标优化效益中，也同样存在于未来多目标效益之间和未来多目标风险之间。这表明：目标相互关系由历史优化效益向未来效益/风险传递，而历史效益向未来效益的传递相比于历史效益到未来风险的传递更为显著。因此，可视化分析的结果表明了目标相互关系存在于考虑未来可持续利用的评价指标矩阵中，故有必要将目标相互关系的影响考虑到评价指标权重的计算中，即需要利用结构方程模型进行多目标相互关系的量化计算。

5.5.3　基于结构方程模型的多目标相互关系的量化计算结果

　　以评价指标矩阵为基础，根据图 5-5 所示的路径关系图，采用 AMOS 软件建模求解，得到表征结构方程模型的拟合程度指标 NC、GFI、NFI 的计算结果，即分别为 0.741、

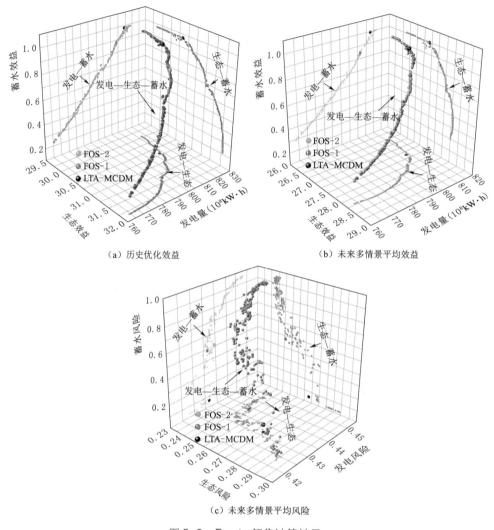

图 5-8　Pareto 解集计算结果

0.998、0.986。上述三个指标均相应地满足各自的适配范围 [0, 2]、[0.9, 1.0]、[0.9, 1.0]。并且，拟合后的模型路径系数如表 5-3 所示，由表可以看出，模型中的所有路径系数在合理范围内。因而，这说明模型适配良好、无须修正、模型结果能够用于后续分析。

　　表 5-3 是对应于图 5-5 和表 5-2 的计算结果，由表 5-3 可知：①在测量模型中的所有路径系数均不小于 0.85，即表明所采用的效益与风险指标能够较好地描述相应的目标。②发电与生态、生态与蓄水、蓄水与发电之间相互关系的量化计算结果分别为 -0.85、-0.95、0.98。这表明了发电与生态、生态与蓄水之间存在冲突关系，且后者之间的冲突关系更为强烈，此计算结果与水库调度问题中的兴利目标与环保目标之间相冲突的事实相一致；此外，也表明了蓄水与发电之间存在较强的协同关系，这归因于汛末蓄水期结束的水位会直接影响后续时段发电水头的事实。此外，这一计算结果所表明的多目标相互关系

与图 5-8 所示的基于可视化分析的结果相一致，也说明了结构方程模型计算结果的正确性。

表 5-3　结构方程模型路径系数计算结果

目标类型	效益型	风险型	目标相互关系型
发电	0.94	0.90	-0.85
生态	0.92	0.87	-0.95
蓄水	0.96	0.94	0.98

5.5.4　最佳调度方案的特性分析

利用考虑水库调度方案长远应用能力的多目标决策模型和基于历史和未来评价角度的两个模糊优选决策方式，在 Pareto 解集中可得到相应的最佳调度方案：LTA - MCDM、FOS-1、FOS-2。针对这三个最佳调度方案，从评价指标权重、应用能力、调度效益表现、调度过程四个方面进行对比分析。

5.5.4.1　评价指标权重结果

因为 LTA-MCDM 和 FOS-1 均考虑了未来环境下发电、生态、蓄水三个目标的多情景平均效益与多情景平均风险，而 FOS-2 仅考虑了历史环境下发电、生态、蓄水三个目标的效益，所以 LTA-MCDM 和 FOS-1 需计算六个评价指标的权重，而 FOS-2 只需考虑三个效益型评价指标的权重。LTA-MCDM 采用式（5-27）所示的考虑了目标相互关系影响方式来计算权重，而 FOS-1 和 FOS-2 均采用式（5-31）所示的熵权法计算权重。三种最佳调度方案的评价指标权重结果比较如图 5-9 所示。由图可以看出，FOS-1 和 FOS-2 在

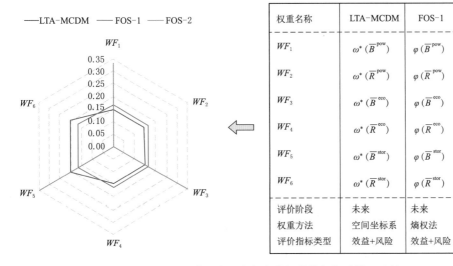

权重名称	LTA-MCDM	FOS-1	FOS-2
WF_1	$\omega^*(\overline{B}^{pow})$	$\varphi(\overline{B}^{pow})$	$\varphi(B^{pow})$
WF_2	$\omega^*(\overline{R}^{pow})$	$\varphi(\overline{R}^{pow})$	
WF_3	$\omega^*(\overline{B}^{eco})$	$\varphi(\overline{B}^{eco})$	$\varphi(B^{eco})$
WF_4	$\omega^*(\overline{R}^{eco})$	$\varphi(\overline{R}^{eco})$	—
WF_5	$\omega^*(\overline{B}^{stor})$	$\varphi(\overline{B}^{stor})$	$\varphi(B^{stor})$
WF_6	$\omega^*(\overline{R}^{stor})$	$\varphi(\overline{R}^{stor})$	—
评价阶段	未来	未来	历史
权重方法	空间坐标系	熵权法	熵权法
评价指标类型	效益+风险	效益+风险	效益

图 5-9　三种最佳调度方案的评价指标权重结果比较

各个评价指标的权重值基本相同，而 LTA-MCDM 在蓄水目标的权重会更大。LTA-MCDM 这一特点可以归因于结构方程模型中与蓄水目标有关的路径系数值较大。此外，LTA-MCDM 与 FOS-1 权重结果的不同主要归因于：前者认为目标相互关系存在于评价指标矩阵中，并将其考虑到权重计算中；而后者认为各个评价指标之间是相互独立的，可以直接计算各自的权重。

5.5.4.2 应用能力分析

表 5-4 列出了 LTA-MCDM、FOS-1、FOS-2 在发电、生态、蓄水三个目标的历史优化效益和未来多情景平均效益及平均风险的结果。比较表中三个不同的最佳调度方案在效益方面的表现可知：不论是在历史还是未来，LTA-MCDM 能够同时取得最大的发电效益与蓄水效益；FOS-2 在三者中虽生态效益最大，但发电效益和蓄水效益是最低的；而 FOS-1 在三个目标效益中表现居中。相较于 FOS-2，LTA-MCDM 和 FOS-1 的效益特点可以表明：从未来可用的角度构建评价指标矩阵，尽管会导致生态效益的小幅度降低，但却更有利于发电效益和蓄水效益的提高，且提升幅度在考虑了目标相互关系的 LTA-MCDM 中更加显著。进一步比较表 5-4 中三个不同的最佳调度方案，通过在未来环境下多情景平均风险方面的表现，可以看出：LTA-MCDM 不仅能够在蓄水上最有效地规避潜在风险，且在发电和生态上保持与 FOS-1 和 FOS-2 相近的风险控制能力。

表 5-4 LTA-MCDM、FOS-1、FOS-2 在发电、生态、蓄水三个目标的效益与风险比较

方　案	历史环境下的多年平均优化效益			未来环境下的多情景平均效益（风险）		
	发电	生态	蓄水	发电	生态	蓄水
LTA-MCDM	814.961	30.643	0.996	807.262 (0.432)	27.388 (0.269)	0.985 (0.067)
FOS-1	809.788	31.016	0.895	801.272 (0.432)	27.774 (0.252)	0.842 (0.487)
FOS-2	808.978	31.089	0.874	800.573 (0.435)	27.830 (0.262)	0.822 (0.510)

注：发电效益的单位为 $10^8 kW \cdot h$。

总体而言，LTA-MCDM 优于 FOS-1 和 FOS-2，因为它一方面能够在历史和未来两种环境下均取得最多的发电效益和蓄水效益，且保持与 FOS-1 和 FOS-2 相近的生态效益；另一方面也能够在未来不确定的气候变化条件下保持低风险水平。

5.5.4.3 未来各个情景的效益与风险表现

图 5-10 展示了 LTA-MCDM、FOS-1、FOS-2 在每个未来径流变化情景下的水库调度效益与风险。针对发电、生态、蓄水三个目标，通过比较未来各个情景的效益相对于历史效益的变化，将表 5-1 所罗列的 26 种未来气候变化情景分为了效益增长型情景和效益减少型情景。由图 5-10 可以看出：①对于 LTA-MCDM、FOS-1、FOS-2 而言，在发电、生态、蓄水三个调度目标上，效益增长型情景和效益减少型情景的分类是相同的。这表明径流变化对水库效益的影响比运行方案差异所造成的影响更为显著。②就发电目标而言，当径流条件因均值减少、C_v 值增加、季节性变化而变得更为严峻时，

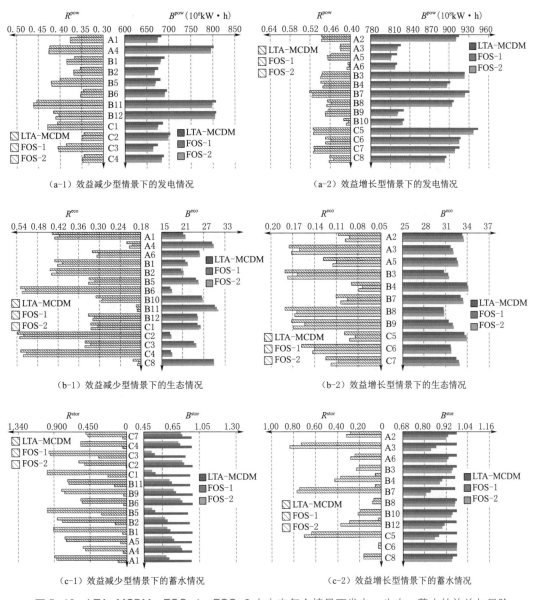

（a-1）效益减少型情景下的发电情况　　　　　（a-2）效益增长型情景下的发电情况

（b-1）效益减少型情景下的生态情况　　　　　（b-2）效益增长型情景下的生态情况

（c-1）效益减少型情景下的蓄水情况　　　　　（c-2）效益增长型情景下的蓄水情况

图 5-10　LTA-MCDM、FOS-1、FOS-2 在未来每个情景下发电、生态、蓄水的效益与风险

LTA-MCDM 能够在风险较小的情况下获得最多效益；当未来径流条件是利于水库调度管理时，LTA-MCDM 能在相近风险情况下获得更大效益。③就蓄水而言，LTA-MCDM 是最好的选择，因为无论未来径流如何变化，LTA-MCDM 始终能够以最小的风险水平和最大效益表现来满足蓄水要求；④就生态而言，虽然 LTA-MCDM 在生态上的效益与风险表现略差于 FOS-1 和 FOS-2，但相较于 LTA-MCDM 在发电与蓄水方面的优势，这一劣势并不显著。

　　综上可知，与 FOS-1 和 FOS-2 相比，LTA-MCDM 可以作为三峡水库应对不确定气候变化条件的发电、生态、蓄水多目标均衡调度方案。

5.5.4.4 水库调度过程的稳健性水平

将 LTA-MCDM、FOS-1、FOS-2 在未来气候变化情景下进行模拟调度时，输入均为未来预测径流，即三个调度方案的输入不确定性相同，而所输出的调度过程结果的差异性可以体现调度方案本身的稳健性水平和适应气候变化的能力[149, 151, 192]。对于考虑不确定气候变化条件的管理者来说，他们更希望能够获得一种使得水库调度过程更为稳健的多目标决策方法。

图 5-11 比较了 LTA-MCDM、FOS-1、FOS-2 在未来所有情景下的水库库容和水库出流稳健性水平。该稳健性水平通过库容和出流的不确定性范围得知，图 5-11 中包含了中位值、上下四分位构成的不确定性区间，以及表征不确定性水平的最大最小值。由图可见，LTA-MCDM 比 FOS-1 和 FOS-2 在水库出流与水库库容上的稳健性水平更好。并且 LTA-MCDM 在水库库容上的稳健性优势更为显著。LTA-MCDM 稳健的水库库容特征是该方案在蓄水效益与风险控制上良好表现的原因所在。因而，LTA-MCDM 是一种应对气候

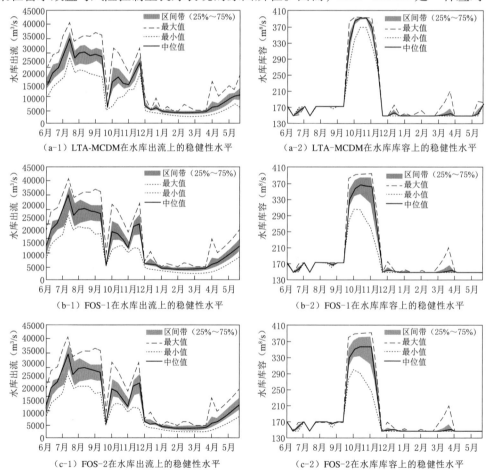

图 5-11　三个调度方案在未来气候条件下水库调度过程的稳健性水平比较

变化不利影响、稳健的多目标决策方式。

5.6　总结

考虑到传统多目标决策方法存在短视性问题，以及气候变化这一正在发生并将持续的现实背景，本书提出了一种考虑水库调度方案长远应用能力的多目标决策模型（LTA-MCDM）。该方法被应用于三峡水库的多目标调度问题，首先以发电、生态、蓄水三个目标效益的最大化为目标函数，依据历史实测径流，通过基于 NSGA-Ⅱ算法的直接策略搜索方法，求得历史多目标优化效益的 Pareto 解集。然后从方案未来可利用的角度出发，分析 Pareto 解集在未来气候变化条件下的发电、生态、蓄水三个目标效益与风险水平，构建评价指标矩阵。由于优化目标函数与评价指标矩阵的相似性，本书在进行多目标决策前，借助可视化分析技术对目标相互关系进行定性分析，并通过结构方程模型对目标相互关系进行量化计算。最后通过构建空间坐标系修正评价指标权重，结合相应的决策方程，在 Pareto 解集中确定出具有持续应用价值、均衡多目标表现的最佳水库调度方案，即 LTA-MCDM。将 LTA-MCDM 与模糊优选决策模型的两种使用方式下的最佳调度方案 FOS-1 和 FOS-2 比较，分析 LTA-MC-DM 在权重结果、应用能力、未来不同情景下的效益表现，以及不确定环境下的稳健性水平这四个方面的特点，得到了如下主要结论：

1）三个目标之间存在的相互关系为：发电与生态（-0.85）、生态与蓄水（-0.95）均为负相关，而蓄水与发电（0.98）呈正相关。

2）与 FOS-1 和 FOS-2 相比，LTA-MCDM 具有更好的稳健应用能力。因为 LTA-MCDM 在历史和未来两种环境中，不仅能够维持与 FOS-1、FOS-2 相近的生态效益，而且发电与蓄水两个目标上具有更好的效益表现，且在未来气候变化条件下的风险控制能力更强。在未来气候变化的不同情景下，LTA-MCDM 具有更好的适应能力。

3）尽管侧重于评价未来效益和风险的 LTA-MCDM 和 FOS-1 会导致生态效益的微弱减少，但却更有利于发电效益和蓄水效益的明显提高。并且，这一提升幅度在考虑了目标相互关系的 LTA-MCDM 中更加显著。

4）LTA-MCDM 比 FOS-1 和 FOS-2 在水库出流与水库库容上具有更好的稳健性水平，这有利于规避气候变化不确定性所带来的风险，以适应未来气候变化条件。

参 考 文 献

［1］ IPCC. Climate change 2014: Synthesis report［R］. Cambridge University Press, Cambridge, UK, 2014.

［2］ IPCC. Global warming of 1.5℃—An IPCC Special Report on the impacts of global warming of 1.5℃ above pre-industrial levels and related global greenhouse gas emission pathways, in the context of strengthening the global response to the threat of climate change, sustainable development, and efforts to eradicate poverty［R］. World Meteorological Organization, Geneva, Switzerland, 2018.

［3］ 段青云, 徐宗学. 未来水文气候情景预估及不确定性分析与量化［M］. 北京: 科学出版社, 2017.

［4］ 中国气象局气候变化中心. 中国气候变化蓝皮书（2019）［R］. 北京: 中国气象局, 2019.

［5］ 刘志明. 气候变化影响下汉江上游梯级水库群联合供水优化调度研究［D］. 长江科学院, 2019.

［6］ 中国数字科技馆. 我国水资源分布现状［EB/OL］. http://amuseum.cdstm.cn/AMuseum/diqiuziyuan/wr 0_4.html.

［7］ 郭生练, 陈炯宏, 刘攀, 等. 水库群联合优化调度研究进展与展望［J］. 水科学进展, 2010, 21(4): 496-503.

［8］ 水利部. 第一次全国水利普查水土保持情况公报［R］. 北京: 水利部, 2013.

［9］ 刘攀, 张晓琦, 邓超, 等. 水库适应性调度初探［J］. 人民长江, 2019, 50(2): 1-5.

［10］ 周研来. 梯级水库群联合优化调度运行方式研究［D］. 武汉大学, 2014.

［11］ CHANG F J, CHEN L, CHANG L C. Optimizing the reservoir operating rule curves by genetic algorithms［J］. Hydrological Processes, 2005, 19: 2277-2289.

［12］ 杨光, 郭生练, 刘攀, 等. PA-DDS算法在水库多目标优化调度中的应用［J］. 水利学报, 2016, 47(6): 789-797.

［13］ 刘攀, 郭生练, 郭富强, 等. 清江梯级水库群联合优化调度图研究［J］. 华中科技大学学报（自然科学版）, 2008, 36(7): 63-66.

［14］ 程春田, 杨凤英, 武新宇, 等. 基于模拟逐次逼近算法的梯级水电站群优化调度图研究［J］. 水力发电学报, 2010, 29(6): 71-77.

［15］ JIANG Z Q, JI C M, PING S, et al. Total output operation chart optimization of cascade reservoirs and its application［J］. Energy Conversion and Management, 2014, 88: 296-306.

［16］ 权先璋, 李承军, 张士军, 等. 水电站优化线性调度规则研究［J］. 华中理工大学学报, 1999, 27(12): 36-38.

［17］ 冯尚友, 胡铁松, 万永华. 水库群优化调度函数的人工神经网络方法研究［J］. 水科学进展, 1995, 6(1): 53-60.

［18］ REVELLE C, JOERES E, KIRBY W. The linear decision rule in reservoir management and design: 1. Development of the stochastic model［J］. Water Resources Research, 1969, 5(4): 767-777.

［19］ KARAMOUZ M, HOUCK M H. Annual and monthly reservoir operating rules generated by deterministic optimization［J］. Water Resources Research, 1982, 18(5): 1337-1344.

［20］ CONSOLI S, MATARAZZO B, PAPPALARDO N. Operating rules of an irrigation purposes reservoir using multi-objective optimization［J］. Water Resources Management, 2008, 22(5): 551-564.

［21］ LIU P, LI L P, CHEN G J, et al. Parameter uncertainty analysis of reservoir operating rules based on implicit stochastic optimization［J］. Journal of Hydrology, 2014, 514: 102-113.

［22］ OLIVEIRA R, LOUCKS D P. Operating rules for multireservoir systems［J］. Water Resources Research,

1997, 33: 839-852.

[23] MALEKMOHAMMADI B, ZAHRAIE B, KERACHIAN R. Ranking solutions of multi-objective reservoir operation optimization models using multi-criteria decision analysis[J]. Expert Systems with Applications, 2011, 38(6): 7851-7863.

[24] JI C M, ZHOU T, HUANG H T. Operating rules derivation of Jinsha reservoirs system with parameter calibrated support vector regression[J]. Water Resources Management, 2014, 28(9): 2435-2451.

[25] ZHOU Y L, GUO S L, LIU P, et al. Derivation of water and power operating rules for multi-reservoirs [J]. Hydrological Sciences Journal, 2016, 61(2): 359-370.

[26] YANG G, GUO S L, LIU P, et al. Multiobjective reservoir operating rules based on cascade reservoir input variable selection method[J]. Water Resources Research, 2017, 53(4): 3446-3463.

[27] 袁宏源. 水资源系统分析理论与应用[M]. 武汉: 武汉水利电力大学出版社, 2000.

[28] LUTHRA S S, ARORA S R. Optimal design of single reservoir system using δ Release Policy[J]. Water Resources Research, 1976, 12(4): 606-612.

[29] 张明波. 随机约束线性规划在水库综合利用中的应用[J]. 人民长江, 1996, 27(6): 24-26.

[30] KARAMOUZ M, VASILIADIS H V. Bayesian stochastic optimization of reservoir operation using uncertain forecasts[J]. Water Resources Research, 1992, 28(5): 1221-1232.

[31] XU W, ZHANG C, PENG Y, et al. A two stage Bayesian stochastic optimization model for cascaded hydropower systems considering varying uncertainty of flow forecasts[J]. Water Resources Research, 2014, 50(12): 9267-9286.

[32] LEI X H, TAN Q F, WANG X, et al. Stochastic optimal operation of reservoirs based on copula functions [J]. Journal of Hydrology, 2018, 557: 265-275.

[33] 纪昌明, 冯尚友. 可逆性随机动态规划模型及其在库群优化运行中的应用[J]. 武汉水利电力大学学报, 1993, 26(3): 300-306.

[34] MUJUMDAR P P, NIRMALA B. A bayesian stochastic optimization model for a multi-reservoir hydropower system[J]. Water Resources Management, 2007, 21: 1465-1485.

[35] TAN Q F, LEI X H, WEN X, et al. Two-stage stochastic optimal operation model for hydropower station based on the approximate utility function of the carryover stage[J]. Energy, 2019, 183: 670-682.

[36] 廖伯书, 张勇传. 水库优化运行的随机多目标动态规划模型[J]. 水利学报, 1989, 5(12): 43-49.

[37] 陈守煜, 邱林. 水资源系统多目标模糊优选随机动态规划及实例[J]. 水利学报, 1993, 6(8): 43-48.

[38] YOUNG G K. Finding reservoir operating rules[J]. Journal of the Hydraulics Division, 1967, 93(6): 297-321.

[39] UNNY T E, DIVI R, HINTON B. A model for real-time operation of a large multi-reservoir hydroelectric system[C]. Proceedings of the International Symposium on Real-Time Operation of Hydrosystems. Waterloo, Oritario, Canada, 1981.

[40] PHILBRICK C R, KITANIDIS P K. Limitations of deterministic optimization applied to reservoir operations[J]. Journal of Water Resources Planning and Management, 1999, 125(3): 135-142.

[41] 张勇传, 刘鑫卿, 王麦力, 等. 水库群优化调度函数[J]. 水电能源科学, 1988, 6(1): 69-79.

[42] CELESTE A B, BILLIB M. Evaluation of stochastic reservoir operation optimization models[J]. Advances in Water Resources, 2009, 32(9): 1429-1443.

[43] 刘攀, 依俊楠, 徐小伟, 等. 水文资料长度对隐随机优化调度规则的影响研究[J]. 水电能源科学, 2011, 29(4): 46-47.

［44］ RIEKER J D, LABADIE J W. An intelligent agent for optimal river-reservoir system management［J］. Water Resources Research, 2012, 48: W09550.

［45］ YANG T T, GAO X G, SOROOSHIAN S, et al. Simulating California reservoir operation using the classification and regression-tree algorithm combined with a shuffled cross-validation scheme［J］. Water Resources Research, 2016, 52(3): 1626-1651.

［46］ ZHANG D, LIN J Q, PENG Q D, et al. Modeling and simulating of reservoir operation using the artificial neural network, support vector regression, deep learning algorithm［J］. Journal of Hydrology, 2018, 565: 720-736.

［47］ GIULIANI M, CASTELLETTI A, PIANOSI F, et al. Curses, tradeoffs, and scalable management: Advancing evolutionary multiobjective direct policy search to improve water reservoir operations［J］. Journal of Water Resources Planning and Management, 2016, 142(2): 4015050.

［48］ GUARISO G, RINALDI S, SONCINISESSA R. The management of lake como: A multiobjective analysis ［J］. Water Resources Research, 1986, 22(2): 109-120.

［49］ KOUTSOYIANNIS D, ECONOMOU A. Evaluation of the parameterization-simulation-optimization approach for the control of reservoir systems［J］. Water Resources Research, 2003, 39(6): 1170.

［50］ 尹正杰, 胡铁松, 崔远来, 等. 水库多目标供水调度规则研究［J］. 水科学进展, 2005, 16(6): 875-880.

［51］ 刘攀, 郭生练, 张文选, 等. 梯级水库群联合优化调度函数研究［J］. 水科学进展, 2007, 18(6): 816-822.

［52］ DARIANE A B, MOMTAHEN S. Optimization of multireservoir systems operation using modified direct search genetic algorithm［J］. Journal of Water Resources Planning and Management, 2009, 135(3): 141-148.

［53］ OSTADRAHIMI L, MARINO M A, AFSHAR A. Multi-reservoir operation rules: Multi-swarm PSO-based optimization approach［J］. Water Resources Management, 2012, 26(2): 407-427.

［54］ ZHANG J W, WANG X, LIU P, et al. Assessing the weighted multi-objective adaptive surrogate model optimization to derive large-scale reservoir operating rules with sensitivity analysis［J］. Journal of Hydrology, 2017, 544: 613-627.

［55］ HOUGHTON J T, MEIRA FILHO B A, CALLANDER N, et al. Climate change 1995: The science of climate change［M］. Cambridge University Press, Cambridge, UK, 1996.

［56］ WAGGONER P E. Climate change and U. S. water resources［M］. John Wiley, New York, 1990.

［57］ 刘春蓁. 气候变化对陆地水循环影响研究的问题［J］. 地球科学进展, 2004, 19(1): 115-119.

［58］ 王国庆, 张建云, 章四龙. 全球气候变化对中国淡水资源及其脆弱性影响研究综述［J］. 水资源与水工程学报, 2005, 16(2): 7-10.

［59］ KENDALL M G. Rank correlation methods［M］. Charles Griffin, London, 1975.

［60］ 潘承毅, 何迎辉. 数理统计的原理与方法［M］. 上海: 同济大学出版社, 1992.

［61］ KOUTSOYIANNIS D. Nonstationarity versus scaling in hydrology［J］. Journal of Hydrology, 2006, 324(1-4): 239-254.

［62］ WANG G S, XIA J, CHEN J. Quantification of effects of climate variations and human activities on runoff by a monthly water balance model: A case study of the Chaobai River basin in northern China［J］. Water Resources Research, 2009, 45(7): W00A11.

［63］ 谢平, 陈广才, 雷红富, 等. 水文变异诊断系统［J］. 水力发电学报, 2010, 29(1): 85-91.

［64］ XIONG L H, JIANG C, XU C Y, et al. A framework of change-point detection for multivariate hydrological series［J］. Water Resources Research, 2015, 51(10): 8198-8217.

［65］ PETROW T, MERZ B. Trends in flood magnitude, frequency and seasonality in Germany in the period

1951-2002[J]. Journal of Hydrology, 2009, 371(1-4): 129-141.

[66] 罗琳, 王忠静, 刘晓燕, 等. 黄河流域中游典型支流汛期降雨特性变化分析[J]. 水利学报, 2013, 44(7): 848-855.

[67] 邢万秋, 王卫光, 吴杨青, 等. 淮河流域降雨集中度的时空演变规律分析[J]. 水电能源科学, 2011, 29(5): 1-5.

[68] 杨筱筱, 王双银, 王建莹, 等. 秃尾河年径流变异点综合诊断研究[J]. 干旱地区农业研究, 2014, 32(2): 234-238.

[69] 于赢东, 杨志勇, 刘永攀, 等. 变化环境下海河流域降水演变研究综述[J]. 水文, 2010, 30(4): 32-35.

[70] 原立峰, 杨桂山, 李恒鹏, 等. 近50年来鄱阳湖流域降雨多时间尺度变化规律研究[J]. 长江流域资源与环境, 2014, 23(3): 434-440.

[71] 张宇, 钟平安, 万新宇, 等. 近57年江苏沿海降水量演变特征分析[J]. 南水北调与水利科技, 2015, 13(2): 198-201.

[72] 郭靖. 气候变化对流域水循环和水资源影响的研究[D]. 武汉大学, 2010.

[73] FENG M Y, LIU P, GUO S L, et al. Identifying changing patterns of reservoir operating rules under various inflow alteration scenarios[J]. Advances in Water Resources, 2017, 104: 23-36.

[74] 庄晓雯. 逐步聚类与随机分析方法用于流域水资源管理[D]. 华北电力大学(北京), 2017.

[75] YIN J B, GENTINE P, GUO S L, et al. Reply to 'Increases in temperature do not translate to increased flooding'[J]. Nature Communication, 2019, 10(1): 1-5.

[76] YIN J B, GENTINE P, ZHOU S, et al. Large increase in global storm runoff extremes driven by climate and anthropogenic changes[J]. Nature Communication, 2018, 9: 4389.

[77] 韩会庆, 张娇艳, 苏志华, 等. 2011—2050年贵州省极端气候指数时空变化特征[J]. 水土保持研究, 2018, 25(2): 341-346.

[78] 徐翔宇. 气候变化下典型流域的水文响应研究[D]. 清华大学, 2012.

[79] NAZEMI A, WHEATER H S, CHUN K P, et al. A stochastic reconstruction framework for analysis of water resource system vulnerability to climate-induced changes in river flow regime[J]. Water Resources Research, 2013, 49(1): 291-305.

[80] JEULAND M, WHITTINGTON D. Water resources planning under climate change: Assessing the robustness of real options for the Blue Nile[J]. Water Resources Research, 2014, 50(3): 2086-2107.

[81] SINGH R, WAGENER T, CRANE R, et al. A vulnerability driven approach to identify adverse climate and land use change combinations for critical hydrologic indicator thresholds: Application to a watershed in Pennsylvania, USA[J]. Water Resources Research, 2014, 50(4): 3409-3427.

[82] POFF N L, BROWN C M, GRANTHAM T E, et al. Sustainable water management under future uncertainty with eco-engineering decision scaling[J]. Nature Climate Change, 2016, 6(1): 25-34.

[83] STEINSCHNEIDER S, WI S, BROWN C. The integrated effects of climate and hydrologic uncertainty on future flood risk assessments[J]. Hydrological Processes, 2015, 29(12): 2823-2839.

[84] 顾逸. 基于长短期记忆循环神经网络及其结构约减变体的中长期径流预报研究[D]. 华中科技大学, 2018.

[85] ZHANG X Q, LIU P, WANG H, et al. Adaptive reservoir flood limited water level for a changing environment[J]. Environmental Earth Sciences, 2017, 76(21): 743.

[86] ZHANG X Q, LIU P, XU C Y, et al. Conditional value-at-risk for nonstationary streamflow and its application for derivation of the adaptive reservoir flood limited water level[J]. Journal of Water Resources Planning and Management, 2018, 144(3): 4018005.

[87] TAN Q F, LEI X H, WANG X, et al. An adaptive middle and long-term runoff forecast model using EEMD-ANN hybrid approach[J]. Journal of Hydrology, 2018, 567: 767-780.

[88] DARIANE A B, FARHANI M, AZIMI S. Long term streamflow forecasting using a hybrid entropy model [J]. Water Resources Management, 2018, 32(4): 1439-1451.

[89] RASOULI K, HSIEH W W, CANNON A J. Daily streamflow forecasting by machine learning methods with weather and climate inputs[J]. Journal of Hydrology, 2012, 414: 284-293.

[90] YANG T T, ASANJAN A A, WELLES E, et al. Developing reservoir monthly inflow forecasts using artificial intelligence and climate phenomenon information[J]. Water Resources Research, 2017, 53(4): 2786-2812.

[91] IPCC. Climate change 2014: Impacts, adaptation, and vulnerability—Part B: Regional aspects[R]. Cambridge University Press, Cambridge, UK, 2014.

[92] IPCC. Climate Change 2014: Impacts, adaptation, and vulnerability—Part A: Global and sectoral aspects[R]. Cambridge University Press, Cambridge, UK, 2014.

[93] GIORGI F. Simulation of regional climate using a limited area model nested in a general circulation model[J]. Journal of Climate, 1990, 3(9): 941-963.

[94] CHEN J, BRISSETTE F P, LECONTE R. Downscaling of weather generator parameters to quantify hydrological impacts of climate change[J]. Climate Research, 2012, 51(3): 185-200.

[95] MPELASOKA F S, CHIEW F H S. Influence of rainfall scenario construction methods on runoff projections[J]. Journal of Hydrometeorology, 2009, 10(5): 1168-1183.

[96] MURPHY J M. An evaluation of statistical and dynamical techniques for downscaling local climate[J]. Journal of Climate, 1999, 12(81): 2256-2284.

[97] SCHMIDLI J, FREI C, VIDALE P L. Downscaling from GCM precipitation: A benchmark for dynamical and statistical downscaling methods[J]. International Journal of Climatology, 2006, 26(5): 679-689.

[98] THEMEßL M J, GOBIET A, HEINRICH G. Empirical-statistical downscaling and error correction of regional climate models and its impact on the climate change signal[J]. Climatic Change, 2012, 112(2): 449-468.

[99] WILBY R L, DAWSON C W. The statistical downscaling model: Insights from one decade of application [J]. International Journal of Climatology, 2013, 33(7): 1707-1719.

[100] 邓丽姣. 基于统计降尺度的秦岭地区降水和气温多模式模拟与预估[D]. 西北大学, 2017.

[101] 段小兰, 郝振纯, 陈奕. 基于 BCSD 降尺度方法的黄河源区气候变化预测[J]. 河海大学学报(自然科学版), 2014, 42(3): 195-199.

[102] 刘昌明, 刘文彬, 傅国斌, 等. 气候影响评价中统计降尺度若干问题的探讨[J]. 水科学进展, 2012, 23(3): 427-437.

[103] RAJE D, MUJUMDAR P P. Reservoir performance under uncertainty in hydrologic impacts of climate change[J]. Advances in Water Resources, 2010, 33(3): 312-326.

[104] MINVILLE M, KRAU S, BRISSETTE F, et al. Behaviour and performance of a water resource system in Québec (Canada) under adapted operating oolicies in a climate change context[J]. Water Resources Management, 2010, 24(7): 1333-1352.

[105] ASHOFTEH P S, BOZORG-HADDAD O, MARINO M A. Climate change impact on reservoir performance indexes in agricultural water supply[J]. Journal of Irrigation and Drainage Engineering, 2013, 139(2): 85-97.

[106] WEN X, LIU Z H, LEI X H, et al. Future changes in Yuan River ecohydrology: Individual and cumulative impacts of climates change and cascade hydropower development on runoff and aquatic habitat qual-

ity[J]. Science of the Total Environment, 2018, 633: 1403-1417.

[107] HOLLING C S. Adaptive environmental assessment and management[M]. John Wiley and Sons, New York, 1978.

[108] LEE K N. Compass and gyroscope integrating science and polities for the environment[M]. Island Press, Washington D C, 1993.

[109] WALTERS C J. Adaptive management of renewable resources[M]. Macmillan Publishers Ltd, New York, 1986.

[110] BERKES F, FOLKE C, JOHAN C. Linking social and ecological systems: Management practices and social mechanisms for building resilience[M]. Cambridge University Press, Cambridge, UK, 2000.

[111] NELSON D R, ADGER W N, BROWN K. Adaptation to environmental change: Contributions of a resilience framework[J]. Annual Review of Environment and Resources, 2007, 32: 395-419.

[112] STAKHIV E Z. Managing water resources for climate change adaptation: Adapting to climate change [M]. Springer, New York, 1996.

[113] VOGT K A, GORDON J C, WARGO J P, et al. Ecosystems: Balancing science with management[M]. Springer, New York, 1997.

[114] LESSARD G. An adaptive approach to planning and decision-making[J]. Landscape and Urban Planning, 1998, 40(1): 81-87.

[115] DORE M H I, BURTON I. The costs of adaptation to climate change in Canada: A stratified estimate by sectors and regions[R]. Brock University, St. Catharines, 2001.

[116] LOUCKS D. P., Gladwel J. S. 水资源系统的可持续性标准[M]. 王建龙, 译. 北京: 清华大学出版社, 2003.

[117] 佟金萍, 王慧敏. 流域水资源适应性管理研究[J]. 软科学, 2006, 20(2): 59-61.

[118] 曹建廷. 气候变化对水资源管理的影响与适应性对策[J]. 中国水利, 2010, (1): 7-11.

[119] 夏军, 李原园. 气候变化影响下中国水资源的脆弱性与适应性对策[M]. 北京: 科学出版社, 2016.

[120] FIELD C B, BARROS V, STOCKER T F, et al. Managing the risks of extreme events and disasters to advance climate change adaptation[M]. Cambridge University Press, Cambridge, UK, 2012.

[121] IPCC. Climate change 2001: Impacts, adaptation, and vulnerability[R]. Cambridge University Press, Cambridge, UK, 2001.

[122] IPCC. Climate Change 2007: Impacts, adaptation, and vulnerability[R]. Cambridge University Press, Cambridge, UK, 2007.

[123] GELDOF G D. Adaptive water management: Integrated water management on the edge of chaos[J]. Water Science and Technology, 1995, 32(1): 7-13.

[124] RAY P A, BROWN C M. Confronting climate uncertainty in water resources planning and project design: The decision tree framework[M]. The World Bank, 2015.

[125] ZHANG C, ZHU X P, FU G T, et al. The impacts of climate change on water diversion strategies for a water deficit reservoir[J]. Journal of Hydroinformatics, 2014, 16(4): 872-889.

[126] ASEFA T, CLAYTON J, ADAMS A, et al. Performance evaluation of a water resources system under varying climatic conditions: Reliability, resilience, vulnerability and beyond[J]. Journal of Hydrology, 2014, 508: 53-65.

[127] LETTENMAIER D P, WOOD A W, PALMER R N, et al. Water resources implications of global warming: A US regional perspective[J]. Climatic Change, 1999, 43: 537-579.

[128] VANRHEENEN N T, WOOD A W, PALMER R N, et al. Potential implications of PCM climate change

scenarios for Sacramento-San Joaquin River Basin hydrology and water resources[J]. Climatic Change, 2004, 62: 257-281.

[129] KWADIJK J C J, HAASNOOT M, MULDER J P M, et al. Using adaptation tipping points to prepare for climate change and sea level rise: A case study in the Netherlands[J]. Wiley Interdisciplinary Reviews-Climate Change, 2010, 1(5): 729-740.

[130] YAO H, GEORGAKAKOS A. Assessment of Folsom Lake response to historical and potential future climate scenarios: 2. Reservoir management[J]. Journal of Hydrology, 2001, 249(1): 176-196.

[131] DROOGERS P. Adaptation to climate change to enhance food security and preserve environmental quality: Example for southern Sri Lanka[J]. Agricultural Water Management, 2004, 66(1): 15-33.

[132] STEINSCHNEIDER S, BROWN C. Dynamic reservoir management with real-option risk hedging as a robust adaptation to nonstationary climate[J]. Water Resources Research, 2012, 48: W05524.

[133] EUM H, VASAN A, SIMONOVIC S P. Integrated reservoir management system for flood risk assessment under climate change[J]. Water Resources Management, 2012, 26(13): 3785-3802.

[134] GAUDARD L, GILLI M, ROMERIO F. Climate change impacts on hydropower management[J]. Water Resources Management, 2013, 27(15): 5143-5156.

[135] REHANA S, MUJUMDAR P P. Basin scale water resources systems modeling under cascading uncertainties[J]. Water Resources Management, 2014, 28(10): 3127-3142.

[136] 吴书悦, 赵建世, 雷晓辉, 等. 气候变化对新安江水库调度影响与适应性对策[J]. 水力发电学报, 2017, 36(1): 50-58.

[137] HAGUMA D, LECONTE R. Long-term planning of water systems in the context of climate non-stationarity with deterministic and stochastic optimization[J]. Water Resources Management, 2018, 32(5): 1725-1739.

[138] HE S K, GUO S L, YANG G, et al. Optimizing operation rules of cascade reservoirs for adapting climate change[J]. Water Resources Management, 2020, 34(1): 101-120.

[139] BROWN C, WERICK W, LEGER W, et al. A decision-analytic approach to managing climate risks: Application to the upper great lakes[J]. Journal of the American Water Resources Association, 2011, 47(3): 524-534.

[140] BROWN C, GHILE Y, LAVERTY M, et al. Decision scaling: Linking bottom-up vulnerability analysis with climate projections in the water sector[J]. Water Resources Research, 2012, 48: W09537.

[141] HERMAN J D, ZEFF H B, REED P M, et al. Beyond optimality: Multistakeholder robustness tradeoffs for regional water portfolio planning under deep uncertainty[J]. Water Resources Research, 2014, 50(10): 7692-7713.

[142] BORGOMEO E, HALL J W, FUNG F, et al. Risk-based water resources planning: Incorporating probabilistic nonstationary climate uncertainties[J]. Water Resources Research, 2014, 50(8): 6850-6873.

[143] KWAKKEL J H, HAASNOOT M, WALKER W E. Comparing robust decision-making and dynamic adaptive policy pathways for model-based decision support under deep uncertainty[J]. Environmental Earth Sciences, 2016, 86: 168-183.

[144] TANER M U, RAY P, BROWN C. Incorporating multidimensional probabilistic information into robustness-based water systems planning[J]. Water Resources Research, 2019, 55(5): 3659-3679.

[145] LOUCKS D P, VAN B E, STEDINGER J R. Water resources systems planning and management: An introduction to methods, models and applications[M]. UNESCO Publishing, Paris, France, 2005.

[146] HAASNOOT M, SCHELLEKENS J, BEERSMA J J, et al. Transient scenarios for robust climate change

adaptation illustrated for water management in the Netherlands[J]. Environmental Research Letters, 2015, 10(10): 105008.

[147] WERNERS S E, PFENNINGER S, SLOBBE E V, et al. Thresholds, tipping and turning points for sustainability under climate change[J]. Current Opinion in Environmental Sustainability, 2013, 5(3 - 4): 334-340.

[148] GIULIANI M, GALELLI S, SONCINI-SESSA R. A dimensionality reduction approach for many-objective Markov decision processes: Application to a water reservoir operation problem[J]. Environmental Modelling & Software, 2014, 57: 101-114.

[149] ZHANG W, LIU P, WANG H, et al. Reservoir adaptive operating rules based on both of historical streamflow and future projections[J]. Journal of Hydrology, 2017, 553: 691-707.

[150] GIULIANI M, ANGHILERI D, CASTELLETTI A, et al. Large storage operations under climate change: expanding uncertainties and evolving tradeoffs [J]. Environmental Research Letters, 2016, 11 (3): 35009.

[151] HAGUMA D, LECONTE R, KRAU S, et al. Water resources optimization method in the context of climate change[J]. Journal of Water Resources Planning and Management, 2015, 141(2): 4014051.

[152] SALAS J D, RAJAGOPALAN B, SAITO L, et al. Special section on climate change and water resources: Climate nonstationarity and water resources management[J]. Journal of Water Resources Planning and Management, 2012, 138(5): 385-388.

[153] LIU P, GUO S L, XIONG L H, et al. Flood season segmentation based on the probability change-point analysis technique[J]. Hydrological Sciences Journal, 2010, 55(4): 540-554.

[154] CHEN J, BRISSETTE F P, CHAUMONT D, et al. Performance and uncertainty evaluation of empirical downscaling methods in quantifying the climate change impacts on hydrology over two North American river basins[J]. Journal of Hydrology, 2013, 479: 200-214.

[155] XIONG L H, GUO S L. A two-parameter monthly water balance model and its application[J]. Journal of Hydrology, 1999, 216(1): 111-123.

[156] KARAMOUZ M, HOUCK M H, DELLEUR J W. Optimization and simulation of multiple reservoir systems[J]. Journal of Water Resources Planning and Management, 1992, 118(1): 71-81.

[157] YEH W W. Reservoir management and operations models: A state-of-the-art review[J]. Water Resources Research, 1985, 21(12): 1797-1818.

[158] CHEN L, SINGH V P, GUO S L, et al. Copula-based method for multisite monthly and daily streamflow simulation[J]. Journal of Hydrology, 2015, 528: 369-384.

[159] 王文圣, 向红莲, 李跃清, 等. 基于集对分析的年径流丰枯分类新方法[J]. 四川大学学报(工程科学版), 2008, 40(5): 1-6.

[160] NULL S E, VIERS J H. In bad waters: Water year classification in nonstationary climates[J]. Water Resources Research, 2013, 49(2): 1137-1148.

[161] 李继清, 郑威, 李建昌, 等. 基于集对分析的径流丰枯分析[J]. 华北水利水电大学学报(自然科学版), 2019, 40(1): 16-26.

[162] 赵克勤. 集对分析及其初步应用[M]. 杭州: 浙江科学技术出版社, 2000.

[163] LI C H, SUN L, JIA J X, et al. Risk assessment of water pollution sources based on an integrated k-means clustering and set pair analysis method in the region of Shiyan, China[J]. Science of the Total Environment, 2016, 557: 307-316.

[164] WANG D, BORTHWICK A G, HE H D, et al. A hybrid wavelet de-noising and rank-set pair analysis approach for forecasting hydro-meteorological time series[J]. Environmental Research, 2018, 160: 269 -

281.

[165] FALCONETT I, NAGASAKA K. Comparative analysis of support mechanisms for renewable energy tech-nologies using probability distributions[J]. Renewable Energy, 2010, 35(6): 1135-1144.

[166] SAHU R K, MCLAUGHLIN D B. An ensemble optimization framework for coupled design of hydropower contracts and real-time reservoir operating rules[J]. Water Resources Research, 2018, 54(10): 8401-8419.

[167] SCHAEFLI B, HINGRAY B, MUSY A. Climate change and hydropower production in the Swiss Alps: Quantification of potential impacts and related modelling uncertainties[J]. Hydrology and Earth System Sciences, 2007, 11(3): 1191-1205.

[168] COHEN A C, WHITTEN B. Modified maximum-likelihood and modified moment estimators for the 3-parameter Weibull distribution[J]. Communications in Statistics Part A-Theory and Methods, 1982, 11(23): 2631-2656.

[169] AKAIKE H. A new look at the statistical model identification[M]. Springer, New York, 1974.

[170] LIU D D, GUO S L, LIAN Y Q, et al. Climate-informed low-flow frequency analysis using nonstationary modelling[J]. Hydrological Processes, 2015, 29(9): 2112-2124.

[171] XIONG B, XIONG L H, CHEN J, et al. Multiple causes of nonstationarity in the Weihe annual low-flow series[J]. Hydrology and Earth System Sciences, 2018, 22(2): 1525-1542.

[172] CHEN S Y, HOU Z C. Multicriterion decision making for flood control operations: Theory and applica-tions[J]. Journal of the American Water Resources Association, 2004, 40(1): 67-76.

[173] KRISHNAIAH P R, MIAO B Q. Review about estimation of change points[M]. Elsevier, New York, 1988.

[174] 陈希孺. 变点统计分析简介[J]. 数理统计与管理, 1991, 16(2): 52-59.

[175] EHSANI N, VOROSMARTY C J, FEKETE B M, et al. Reservoir operations under climate change: Storage capacity options to mitigate risk[J]. Journal of Hydrology, 2017, 555: 435-446.

[176] JIANG H Y, YU Z B, MO C X. Ensemble method for reservoir flood season segmentation[J]. Journal of Water Resources Planning and Management, 2017, 143(3): 4016079.

[177] MILLY P C D, BETANCOURT J, FALKENMARK M, et al. Climate change-Stationarity is dead: Whither water management?[J]. Science, 2008, 319(5863): 573-574.

[178] LIU P, GUO S L, XU X W, et al. Derivation of aggregation-based joint operating rule curves for cas-cade hydropower reservoirs[J]. Water Resources Management, 2011, 25(13): 3177-3200.

[179] ZHOU Y L, GUO S L. Incorporating ecological requirement into multipurpose reservoir operating rule curves for adaptation to climate change[J]. Journal of Hydrology, 2013, 498: 153-164.

[180] EUM H, SIMONOVIC S P. Integrated reservoir management system for adaptation to climate change: The Nakdong river basin in Korea[J]. Water Resources Management, 2010, 24(13): 3397-3417.

[181] AHMADI M, HADDAD O B, LOÁICIGA H A. Adaptive reservoir operation rules under climatic change [J]. Water Resources Management, 2015, 29(4): 1247-1266.

[182] YANG G, GUO S L, LI L P, et al. Multi-objective operating rules for Danjiangkou reservoir under cli-mate change[J]. Water Resources Management, 2016, 30(3): 1183-1202.

[183] ZHANG W, LIU P, WANG H, et al. Operating rules of irrigation reservoir under climate change and its application for the Dongwushi Reservoir in China[J]. Journal of Hydro-environment Research, 2017, 16: 34-44.

[184] HERMAN J D, GIULIANI M. Policy tree optimization for threshold-based water resources management over multiple timescales[J]. Environmental Modelling & Software, 2018, 99: 39-51.

［185］ MOHAMMED R, SCHOLZ M. Adaptation strategy to mitigate the impact of climate change on water resources in arid and semi-arid regions: A case study[J]. Water Resources Management, 2017, 31(11): 3557-3573.

［186］ WARD M N, BROWN C M, BAROANG K M, et al. Reservoir performance and dynamic management under plausible assumptions of future climate over seasons to decades[J]. Climatic Change, 2013, 118(2): 307-320.

［187］ KARAMI F, DARIANE A B. Many-objective multi-scenario algorithm for optimal reservoir operation under future uncertainties[J]. Water Resources Management, 2018, 32(12): 3887-3902.

［188］ BREKKE L D, MAURER E P, ANDERSON J D, et al. Assessing reservoir operations risk under climate change[J]. Water Resources Research, 2009, 45: W04411.

［189］ 张玮, 王旭, 雷晓辉, 等. 一种基于 DS 理论的水库适应性调度规则[J]. 水科学进展, 2018, 29(5): 685-695.

［190］ CHEN J, BRISSETTE F P, LUCAS-PICHER P, et al. Impacts of weighting climate models for hydro-meteorological climate change studies[J]. Journal of Hydrology, 2017, 549: 534-546.

［191］ WOOD A W, LEUNG L R, SRIDHAR V, et al. Hydrologic implications of dynamical and statistical approaches to downscaling climate model outputs[J]. Climatic Change, 2004, 62: 189-216.

［192］ ZHANG W, LEI X H, LIU P, et al. Identifying the relationship between assignments of scenario weights and their positions in the derivation of reservoir operating rules under climate change[J]. Water Resources Management, 2019, 33(1): 261-279.

［193］ EVENSON D E, MOSELEY J C. Simulation/optimization techniques for multibasin water resource planning[J]. Journal of the American Water Resources Association, 1970, 6(5): 725-736.

［194］ GIORGI F, MEARNS L O. Calculation of average, uncertainty range, and reliability of regional climate changes from AOGCM simulations via the "reliability ensemble averaging" (REA) method[J]. Journal of Climate, 2002, 15(10): 1141-1158.

［195］ 徐士良. 常用算法程序集[M]. 北京: 清华大学出版社, 2013.

［196］ HUNTINGTON T G. Evidence for intensification of the global water cycle: Review and synthesis[J]. Journal of Hydrology, 2006, 319(1-4): 83-95.

［197］ BRONSTERT A, KOLOKOTRONIS V, SCHWANDT D, et al. Comparison and evaluation of regional climate scenarios for hydrological impact analysis: General scheme and application example[J]. International Journal of Climatology, 2007, 27: 1579-1594.

［198］ FU G B, CHARLES S P, CHIEW F H S. A two-parameter climate elasticity of streamflow index to assess climate change effects on annual streamflow[J]. Water Resources Research, 2007, 43: W11419.

［199］ CHEN J, BRISSETTE F P, POULIN A, et al. Overall uncertainty study of the hydrological impacts of climate change for a Canadian watershed[J]. Water Resources Research, 2011, 47: W12509.

［200］ WILBY R L, DESSAI S. Robust adaptation to climate change[J]. Weather, 2010, 65(7): 180-185.

［201］ 刘攀, 郭生练, 方彬, 等. 基于自助法的水文频率区间估计[J]. 武汉大学学报(工学版), 2007, 40(2): 55-59.

［202］ RAO J, REN R C, YANG Y. Parallel comparison of the northern winter stratospheric circulation in reanalysis and in CMIP5 models[J]. Advances in Atmospheric Sciences, 2015, 32(7): 952-966.

［203］ ZHAO R J. The Xinanjiang model applied in china[J]. Journal of Hydrology, 1992, 135(1-4): 371-381.

［204］ FOWLER K J A, PEEL M C, WESTERN A W, et al. Simulating runoff under changing climatic conditions: Revisiting an apparent deficiency of conceptual rainfall-runoff models[J]. Water Resources Research, 2016, 52(3): 1820-1846.

［205］ HARGREAVES G H, SAMANI Z A. Estimating potential evapotranspiration［J］. Journal of the Irrigation and Drainage Division, 1982, 108(3): 225-230.

［206］ 张志宇. 土壤墒情预报与作物灌溉制度多目标优化［D］. 河北农业大学, 2014.

［207］ CHANKONG V, HAIMES Y Y. Multiobjective decision making: Theory and methodology［M］. Courier Dover Publications, North-Holland, 2008.

［208］ COHON J L. Multiobjective programming and planning［M］. Courier Corporation, 2004.

［209］ YE Q, YANG X G, DAI S W, et al. Effects of climate change on suitable rice cropping areas, cropping systems and crop water requirements in southern China［J］. Agricultural Water Management, 2015, 159: 35-44.

［210］ DEB K, AGRAWAL S, PRATAP A, et al. A fast and elitist multiobjective genetic algorithm: NSGA-II ［J］. IEEE Transactions on Evolutionary Computation, 2002, 6(2): 182-197.

［211］ BALTAR A M, FONTANE D G. Use of multiobjective particle swarm optimization in water resources management［J］. Journal of Water Resources Planning and Management, 2008, 134(3): 257-265.

［212］ HADKA D, REED P M. Borg: An auto - adaptive many-objective evolutionary computing framework ［J］. Evolutionary Computation, 2013, 21(2): 231-259.

［213］ HWANG C L, YOON K. Multiple attribute decision making: Methods and applications［M］. Springer, Berlin, Germany, 1981.

［214］ CHEN S Y. Theory of fuzzy optimum selection for multistage and multiobjective decision making system ［J］. Journal of Fuzzy Mathematics, 1994, 2(1): 163-174.

［215］ SAATY T L. Multicriteria decision making: The analytic hierarchy process［M］. RWS Publications, Pittsburgh, PA, 1988.

［216］ FRIEDMAN J H. Exploratory projection pursuit［J］. Journal of the American Statistical Association, 1987, 82(397): 249-266.

［217］ KO S, FONTANE D G, MARGETA J. Multiple reservoir system operational planning using multi-criterion decision analysis［J］. European Journal of Operational Research, 1994, 76(3): 428-439.

［218］ ZHU F L, ZHONG P A, SUN Y M, et al. Real-time optimal flood control decision making and risk propagation under multiple uncertainties［J］. Water Resources Research, 2017, 53(12): 10635-10654.

［219］ ZHANG W, WANG X, LEI X H, et al. Multicriteria decision-making model of reservoir operation considering balanced applicability in past and future: Application to the three gorges reservoir［J］. Journal of Water Resources Planning and Management, 2020, 146(6): 4020033.

［220］ GROVES D G, LEMPERT R J. A new analytic method for finding policy-relevant scenarios［J］. Global Environmental Change, 2007, 17(1): 73-85.

［221］ DE NEUFVILLE R, SCHOLTES S. Flexibility in engineering design［M］. The MIT Press, Cambridge, Massachusetts, 2011.

［222］ WRIGHT L F. Information gap decision theory: Decisions under severe uncertainty［J］. Journal of the Royal Statistical Society, 2004, 167(1): 185-186.

［223］ HAASNOOT M, KWAKKEL J H, WALKER W E, et al. Dynamic adaptive policy pathways: A method for crafting robust decisions for a deeply uncertain world［J］. Global Environmental Change-Human and Policy Dimensions, 2013, 23(2): 485-498.

［224］ 陈竹青. 长江中下游生态径流过程的分析计算［D］. 河海大学, 2005.

［225］ ZHOU Y L, GUO S L, XU C Y, et al. Deriving joint optimal refill rules for cascade reservoirs with multi-objective evaluation［J］. Journal of Hydrology, 2015, 524: 166-181.

［226］ KASPRZYK J R, REED P M, KIRSCH B R, et al. Managing population and drought risks using many-objective water portfolio planning under uncertainty ［J］. Water Resources Research, 2009, 45: W12401.

［227］ ZHANG C, XU B, LI Y, et al. Exploring the relationships among reliability, resilience, and vulnerability of water supply using many-objective analysis［J］. Journal of Water Resources Planning and Management, 2017, 143(8): 4017044.

［228］ LOMAX R G, SCHUMACKER R E. A beginner's guide to structural equation modeling［M］. Psychology Press, New Jersey London, 2004.

［229］ 吴明隆. 结构方程模型: AMOS 操作与应用［M］. 重庆: 重庆大学出版社, 2009.

［230］ ZHU F L, ZHONG P A, XU B, et al. A multi-criteria decision-making model dealing with correlation among criteria for reservoir flood control operation［J］. Journal of Hydroinformatics, 2016, 18(3): 531-543.

［231］ SINGH V P. The entropy theory as a tool for modelling and decision-making in environmental and water resources［J］. Water S A, 2000, 26(1): 1-11.